里程碑
文库
THE
LANDMARK
LIBRARY

人类文明的高光时刻
跨越时空的探索之旅

活的中国园林

从古典到当代的传统重塑

唐克扬 著

北京燕山出版社
BEIJING YANSHAN PRESS

活的中国园林：
从古典到当代的传统重塑

唐克扬 著

图书在版编目（CIP）数据

活的中国园林：从古典到当代的传统重塑 / 唐克扬著．— 北京：北京燕山出版社，2021.10
（里程碑文库）
ISBN 978-7-5402-4812-3

Ⅰ．①活… Ⅱ．①唐… Ⅲ．①园林艺术－中国 Ⅳ．①TU986.62

中国版本图书馆 CIP 数据核字（2021）第 191231 号

选题策划	联合天际	特约编辑	王　争
版权统筹	李晓苏	版权运营	郝　佳
编辑统筹	李鹏程　边建强	营销统筹	绳　珺
视觉统筹	艾　藤	美术编辑	程　阁

责任编辑　王月佳
出　　版　北京燕山出版社有限公司
社　　址　北京市丰台区东铁匠营苇子坑 138 号嘉城商务中心 C 座
邮　　编　100079
电话传真　86-10-65240430（总编室）
发　　行　未读（天津）文化传媒有限公司
印　　刷　北京雅图新世纪印刷科技有限公司
开　　本　889 毫米 ×1194 毫米　1/32
字　　数　153 千字
印　　张　8 印张
版　　次　2021 年 10 月第 1 版
印　　次　2021 年 10 月第 1 次印刷
I S B N　978-7-5402-4812-3
定　　价　68.00 元

关注未读好书

未读 CLUB
会员服务平台

本书若有质量问题，请与本公司图书销售中心联系调换
电话：（010）5243 5752

目录

佚名摄影师镜头下的园林，
photograph courtesy of Throckmorton Fine Art Gallery in New York City

引言：寻找“活的中国园林”

“活的中国园林”这个名字，来自我2008年于德国德累斯顿国家艺术收藏馆策划的一个展览。[1]在中德两国扩大友好往来的背景下，展览的本意是向德国人民介绍中国历史悠久的园林文化，按官方说法，是递上一张中国的“名片”——此中颇为知名的是江南地区，尤其是自古富庶的苏州、杭州、扬州等城市。

说起来，这里也是我生长的故乡。然而在2007年，正需为这个展览做大量研究和准备的时候，我却不合时宜地迁居到了中国南端的珠江三角洲，那个时候，这里作为“世界工厂”的声誉已经登峰造极了。

一边在白天投身于城市建设的实际工作，一边在工作之余“神与物游”，追寻着“活的中国园林”的起点。说来也怪，如今回想这段时光，印象最深的并不是后来展览中大放异彩的某位艺术家，而是广深铁路沿线一个小城镇的样子，它叫“茶山”[2]。你可以想象，这个名字一旦翻译为外文，意义会更加引人遐想。可是事实上，在中国最大的制造产业基地里，它也不过是个平凡的小镇罢了。

从广州东站出发，大约只需一个小时，你下了火车，首先就会看到熟悉得让人心慌的“人”的风景，或者说，被经济活动一次次重塑的人类世界的模样。在火车站出口，你会看到乌泱泱、汗津津的人群，体现着直白的供与求。那个时候还很时兴“摩的”，它们和稍好一点儿的出租车一起，招徕着不同的客人，将他们送往各自的目的地，无论他们是打工妹、打工仔、产品经理，还是投资人和客户，也不管他们是初次前来投靠，还是长居于此，抑或是定期的造访。由于这些人的存在，小镇本来的意义早被颠覆了。

在潮湿闷热的中国南方，没人奢求这里有预期外的诗情画意。至于我，从来也没有想过策划一个远在德国的中国园林展与茶山这个小镇会有什么关联。在那个放松的周末，我从广州跑到那里，是去喝潮汕虾粥的，中学时代的同学老孙正在那里做一家台资工厂的质量控制员。其实，虾粥算不上当地独有的美食，但除此之外，这里似乎也没什么可以拿得出手的土特产了。2018年，这个小镇的地区生产总值达到可观的137亿元，若按人均计算，则是中国平均指数的数倍。理解了这一点，你也许会宽宥几分这里枯燥的产业“园”面貌，它的意义远胜地名所指的茶“园”，也正因此，通常欧美国家超大城市才有的大马路，理直气壮地穿过了这个处于行政区划底层的“城市”。几幢门面稍微像样的建筑，街面那层是各种平价的消费：烧烤、发廊、KTV、小饭馆……一堆堆工余的青壮年男女，就在人行道上喧笑、打闹，发泄着他们旺盛的精力。这就算茶山最常见的风景了，在城市与自然的交界，也嗅不到一丝一毫“茶树山丘”的美好气息。这个地名最原始的语境已经失去了。

在当代中国，这样的情形并不罕见。相比城市本身发生的巨变，仅存的小桥流水算不得什么。现在提起“中国园林”，聚焦的是一种已经发生改变的语境，大部分像我这个年纪的研究者都生长在这种业已改变的语境之中，再也不能汲取自然的生活经验，而只能把“中国园林”当作一种古老文化的标本来观察和探究。

“中国园林”作为一种综合性的艺术样式，原本需要依存太多因素成活，这些因素包括但不限于特定的土地制度、气候、物质出产和流通方式、工艺传统、空间营造体系、社会关系、历史观念、不同的文学和视觉艺术样式……甚至是与今天截然不同的“从前慢”的时间观念。可近代以来，西方意义上的城市化迅猛地改变了这一切，即使是在20世纪某个发展缓慢的时期也不曾真正停下脚步。大部分人的生活早已疏远了自然，构成他们世界的质料，恐怕是一点儿都不同于从前了。眼前，就在珠三角落脚的全球化大工业生产，只不过是这种场面过于戏剧化的表达。

更为根本的改变是结构性的、看不见的、作用于传统园林赖以存在的外部空间：以各种形式物化了的社会结构，包括建筑本身，如今都屈从于另一种更强大的逻辑。它们不是靠神话和寓言，而是经由5G网络精确同步的金融支付牢牢地联系在一起。在这种情况下，资本虽然仍有它尚未征服的角落，但那些昏暗的街头巷尾，或是幽晦未知深浅的大山，不太可能像过去那样，仅仅成为浪漫的审美对象。

最重要的还是园林文化的主体——人。不仅园居已是一种都市里的奢侈，就连习惯和园居联系在一起的中国“文人”，连同他们“语不惊人死不休”的习惯，也都不再是社会生活中必要的一环。新的世界在各方面都貌似平等、平均，讲究效率、舒适和安全，就连珠三角仿造迪士尼建起的本土主题公园，也知道要把它的顾客安顿在精心设计的空调大厅里，路都不用多走，汗也无须多流。

读者或许猜到了，我在这里提到茶山，绝不因为它是一个如此完美的可以被拿来批判的对象。当我喝饱了飘着诱人芫荽香味的鲜美虾粥，沿着喧嚣的大街走上几步，很快就在小镇中心看到了茶山的"中国园林"—— 一个水泥做成的亭子。我判断它应该是在20世纪90年代后期西方式的"景观建筑"兴起之前，由中国地方习称的"园林局"牵头，再由某个无名的设计师设计和建造的。

中国建筑中很难再有这样非功利性的空间概念。"亭"在起初只是指一种能够使人"停"下来的建筑，可以是旅店、餐馆，但不一定有实际的居住功能。[3]从古文字的字形上看，"亭"是一种四面敞开的建筑。1634年刊行的中国古典造园经典《园冶》中说"花间隐榭，水际安亭"，甭管这里是否有这样的条件，眼下在茶山，即使是用如此现代和粗鄙的材料，能赋予一座建筑不那么功利的目的，也很难能可贵了。

提到以"亭"命名，很少有中国人不知道明代的戏剧作品《牡丹亭》。该剧核心故事中的"云雨之欢"，就发生在一座似真还幻的花园的亭子里。女主人公杜丽娘春睡时，和意中人柳梦梅在梦中邂逅于此。这个今天看来荒诞不经的故事，和特殊空间的特

杨勋，游园惊梦No.1，200cm×305cm，2008年

定含义有着必然的联系。研究表明，从唐代诗人白居易诗句中撷取的“亭”这个意象，最初也和“悼亡”这种特殊的情感有关。[4]从怅惘离别的“死”转入和合爱欲的“生”，逻辑顺承。

在珠三角一个再平常不过的周末傍晚，我无法向你准确地描述看到这个亭子时是什么感受。称其为“杰作”固然有些夸大，但在朴素的外表下，它显然经过一番精心设计，搭配着一条小径、花圃以及小小的池塘，周围还环绕着浓密的绿荫，不至于完全暴露在灰尘四起的大路上。《园冶》中又提到，亭子通常“造式无定”，这个仿造中国古代木结构的水泥凉亭几乎没有任何装饰，也许正因为这一点，反而使它和周遭环境融合得更好了。园林小品

里程碑文库

本文库由未读与英国宙斯之首联手打造，邀请全球顶尖人文社科学者创作，撷取人类文明长河中的一项项不朽成就，深挖社会、人文、历史背景，串联起影响、造就其里程碑地位的人物与事件。作为读者，您可以将文库视为一盒被打乱的拼图。随着每一辑新书的推出，您将获得越来越多的拼图块，并根据自身的兴趣，拼合出一幅属于您的独特知识版图。

第三辑

活的中国园林：从古典到当代的传统重塑

中华文明的宝贵遗产，该如何应时而变、应运而变？
著名建筑师唐克扬带你追古抚今，寻找中国人的安心之所

莎士比亚：悲喜世界与人性永恒的舞台

澳大利亚著名文学评论家品评莎士比亚现象，
在快餐文化当道的年代，带你追问继续阅读莎翁的理由

萨尔珀冬陶瓶：一只古希腊陶瓶的前世今生与英雄之死

区区希腊小陶瓶，何以称得上“里程碑式文物”？
剑桥大学古典艺术专家以小博大，带你沉思西方经典英雄形象的演变

凡尔赛宫：路易十四的权力景观与法兰西历史记忆

从穷奢极欲的皇家园林，到供人参观的历史遗迹，
著名法国史专家带你走近真正的凡尔赛，
见证波旁王朝的荣耀与君主专制的陨落

春之祭：噪音、芭蕾与现代主义的开端

资深古典音乐学者详解 20 世纪音乐史上影响极其深远的作品，
带你共赏“死亡之舞”的最原始咆哮，拉开现代主义的序幕

权力之笼：1215 年《大宪章》诞生始末与 800 年传世神话

著名历史学者丹·琼斯妙笔写春秋，带你再闯“金雀花王朝”，
看一纸文书如何塑造现代西方政治

已上市

第一辑

第二辑

里程碑文库
THE LANDMARK LIBRARY

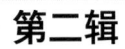

人类文明的高光时刻
跨越时空的探索之旅

09 收纳全书(新版)

[日]日本文化出版局 著
游韵馨 译

完整的居家整理术，诚品书店畅销排行NO.1！好生活是整理出来的

10 叶怡兰生活美学三部曲：家的模样/日日三餐/日日物事

叶怡兰 著

从家装设计、一日三餐到锅碗瓢盆，饮食旅游生活作家叶怡兰分享“修炼”二十余年的生活理念与秘笈

11 子弹笔记

[美]赖德·卡罗尔 著
陈鑫媛 译

INS爆红，YouTube千万点赞的超级笔记术，用子弹笔记找回人生主动权

12 梵高手稿

[荷]文森特·梵高 著
[美] H. 安娜·苏 编
57°N艺术小组 译

大都会艺术博物馆专家精选梵高书信、画作，只谈绘画，只谈艺术，豆瓣9.4高分

13 醒来的女性

[美] 玛丽莲·弗伦奇 著
余莉 译

一部小说版的《第二性》，一部女性的心灵史，全球销量2000万册，豆瓣8.8高分

14 葡萄牙的高山

[加] 扬·马特尔 著
亚可 译

《少年Pi的奇幻漂流》作者、布克奖得主扬·马特尔时隔十五年震撼力作

15 和孩子一起读的艺术史

[英] 迈克尔·伯德 著
凯特·埃文斯 绘
何雨珈 译

故事中流淌的艺术史
一家人都爱读的艺术启蒙书

16 「艺术家鲍勃」系列

[英]马里恩·杜查斯 著绘
余治莹、刘畅 译

第十四届文津图书奖推荐童书。让孩子和鲍勃一起成长和创造，一起成为更好的自己

07

《博斯：人类之恶》

[法]纪尧姆·卡塞格兰 著 王烈 译

—

艺术大师博斯收藏级精品画册，
超大开本震撼呈现博斯宇宙。

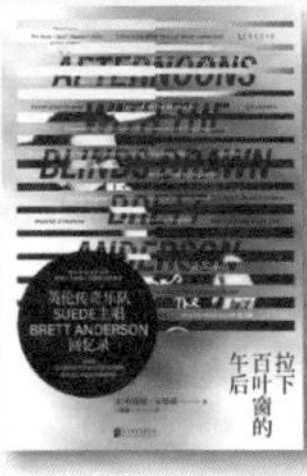

08

《拉下百叶窗的午后》

[英]布雷特·安德森 著
王知夏 译

—

英伦传奇乐队 Suede 主唱布雷特·安德森回忆录。从山羊皮乐队生涯到音乐存在的意义，一次诚挚而沉入的反思。

09

《DK英国皇家园艺学会家居植物实用百科》

[英] 弗兰·贝利
[英] 齐娅·奥拉维 著
王晨 译

—

日常养护的硬技能 + 植物陈设的软技巧。
家庭园艺一本通，在屋中实现花园梦。

10

《口袋美术馆：街头艺术》

[英]西蒙·阿姆斯特朗 著
陈梦佳 译

—

Thames&Hudson 明星套系全新出品，
潮流青年不可错过的街头文化史。

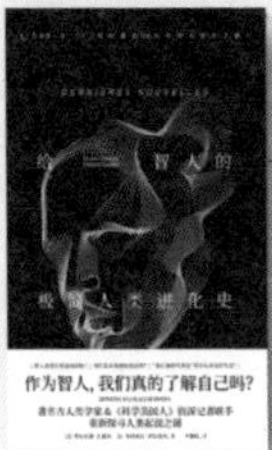

11

《给智人的极简人类进化史》

[法] 希尔瓦娜·孔戴米 等著
李鹏程 译

—

作为智人，你真的了解自己吗？
两小时读懂三百万年。

12

《无隐私时代》

[美] 阿奇科·布希 著
郑澜 译

—

你的隐私已经成为你最昂贵的奢侈品，
你该如何看待它。

-新鲜上市-

01

《神知识又增加了：希腊神话图解百科》

[法] 奥德·戈埃米纳 著
[法] 安娜-洛尔·瓦鲁特斯科斯 绘
都文 译

—

一本书读懂希腊神话。69 位神、英雄和妖怪，关联 130 余件世界名画、雕塑，解读无处不在的“希腊神话梗”。

02

《四月樱，九月萩：花的日本美学探源》

[日]栗田勇 著
徐菁菁 译

—

读懂“花”，也就读懂了日本文化。每月选取一种代表性花卉，讲解其在日本历史文化中的独特意义。紫绶褒章获得者栗田勇作品。

03

《口红：潮流、历史与时尚偶像》

[美] 雷切尔·费尔德 著
山山 译

—

口红的秘密，远不止色号！90 余幅珍贵的口红元素绘画、插图、照片，讲述历史与时尚中的口红往事。

04

《重新发现日本：500件日本怀旧器物图鉴》

[日]岩井宏实 著
[日]中林启治 绘
沈于晨 译

—

走进《樱桃小丸子》《龙猫》《哆啦 A 梦》的世界，昭和时代衣食住行全图解！

05

《真相漂流计划》

[英] 克莱尔·普利 著
姚瑶 译

—

企鹅兰登 2020 年年度重磅好书，《纽约时报》畅销书，感动 30 国读者。在生命的洪流里，我们都是彼此的诺亚方舟。

06

《佐野洋子作品集》

[日] 佐野洋子 著
吕灵芝 等译

—

从“顽皮少女”到“睿智老太”，记录一位女性平凡而潇洒的一生。毛丹青、黎戈等大咖联袂推荐。

谈不上什么精心的布局，在已经被条条框框拘死了的现代产业园的大背景下，它是一个剩下来的有点儿尴尬的孤岛。

在中国北方的城市中，你也经常会看到一些仿古式样的园林建筑小品，同样也是钢筋水泥结构，却尽可能地模仿着古代建筑繁复的样子，通常还有比较浓烈的“宫廷建筑”特有的彩绘，这些事后追加的古典特色，往往是一个历史悠久的城市着意夸耀的东西。不过，在嘈杂的现代环境中，它们多少显得有些尴尬，也容易成为施工质量不佳的受害者，年久失修之后，这些装饰性的部分往往最先龟裂脱落，露出马脚。

在东莞茶山，当代简易的“中国园林”很难和真正的古典中国园林媲美，但是两者的意义和感受相去不远，都和生活的质地融为一体，同时又对它们抵抗着的世界有所保留。或许是囿于有限的预算，无名的设计师没有那么高调，他最后一次来到这里时，可能也想不到日后野草疯长的样子。实际上，这是一个因为“低维护”反而变得有些味道的设计。设计师无法预期他的园林未来的命运，更有甚者，在万物怒长的南方，一切人工的东西也都面临着自然的威胁。亭子周围合抱的大榕树分明已经长了好多年，它的诞生应该早于周遭的这一切，而旁边身姿婀娜的玉兰树，倒有可能是人工种植的——但更多的东西应该就是“不请自来”了。由于那些浓密的绿色，这个亭子现在成了一座隔绝尘嚣的孤岛。

通过浏览本地官方网站，对其风土人情有更深的了解之后，你会惊讶地发现，茶山不无与园林相关的元素，先不说那些街头巷尾无处不在的“口袋公园”，从新开发的城市中心往外走不远，就是真正的茶山古镇。盆景，也就是园林文化衍生出的一种“案头山水”，居然是茶山的另一张“文化名片”！甚至还有一个叫“盆景协会”的官方组织。在这里，尤其是在按照原有村落布局建起来的古镇，水泥丛林里就时常当街放置着这么一盆盆景，因应着起伏的地形和多变的建筑布局，点缀着一两种植物以及几块观赏石营就的小品。在被现代化发展遗忘的楼宇间的火巷和远离平直大道的曲巷中，此类小小的园林比比皆是，它们和中国南方旺盛的植被连成一片。要么是真实的“自然”，要么是微缩的“自然”，两种“自然”以自然的方式，在这里发生着这样那样的碰撞。

然而，茶山人好像对这一切都熟视无睹。他们坐在高速运转的“世界工厂”枯燥的街道旁，喝着他们引以为豪的茶水，却不大留心近在咫尺的茶园。

“活的中国园林”首先需要参照的是真正的古典，很少有人会期待在中原文化外围的岭南能有多少符合这种定义的实例。可是，你又不能总抱着一种膜拜“经典”“大师”“名作”的心态，否则，今天过于人工化的生活就会失去意义，难以为继。毕竟，像一句老话所说：“会心处不必在远。”现代人对于古典园林文化的讨论里，隐藏着一种不全是坏事的矛盾，或者说，隐藏着一条让这种文化变得可以理解的必经之路：既要像考古者一样挖掘那些已经失去的自然胜境，追怀江湖之远，也要从面目全非的当代生活里，

东莞茶山街头一景，作者摄于2019年

辨认出模糊地契合古典气韵，同时还能在当下存活的新的空间样本。

在这方面，岭南人未必毫无作为。历史上，中原地区的汉族先民前后数次迁徙来此，怀着无比实际和急迫的求生意念，在一度被认为不适合北方人落脚的热带气候中，重新创造了不同于中原传统的人居文化。而自民国以来，岭南人在园林创新方面也屡屡跑在全国的前列。比如，广州地铁有一站名叫“公园前”，自1918年始建以来，这里的人民公园都是广州市民的室外会客厅。远在其他城市被“西风美雨”浇灌的“景观广场”风行之前，很多重大历史事件都发生在这里，而不是在空荡荡的广场上。[5]“文化大革命”结束后不久，广州建筑师佘畯南和莫伯治设计的白天鹅宾馆，把这种广州人熟悉的葱茏景观，用假山叠石人工水景的方式引入了室内，这种室内中庭虽由美国建筑师约翰·波特曼发明，但是白天鹅宾馆“移天缩地在君怀”的做法又极具中国特色。[6]无独有偶，美国华裔建筑师贝聿铭同时期在北京设计建造的香山饭店，也有着现代式样的中国庭园。它们都是“中国园林”融入现代生活的例子。只不过，相较于一年四季植被都能疯长的茶山而言，靠空调小心翼翼维护着的酒店大堂未免太奢侈了。

更重要的革新是园林为生活戏剧提供了一个自然的舞台。这方面，甚至也只有茶山这样的地方，才能提供更鲜活、更有说服力的样本。不像背负园林城市盛名的苏州那样，着力于经济发展的珠江三角洲，从来没有孤立地讨论造园艺术的机会：一方面得和不需要浇灌也能生机勃勃的自然赛跑，另一方面又平行于同样蓬勃发展的社会生活以及蔚为大观的物质生产。这里的“中国园林”提供了不能完全被现有的中国园林研究和概括的例子，它不一定十分精彩，不必视作“高等文化”，但却是真实的。也许，还会是中国山水城市下一轮黄金时代的前奏。

作为得近代化风气之先的地区，广东重塑中国园林文化史的年头已经不短。比如中国园林中的太湖石，它既能构成建筑性的景观，又可以成为富于心理魅惑的玩物，以一种自然的微缩模型安放在文人的案头。按照传统四大名石的说法，产于苏州地区的太湖石曾是当然的主角，但很多人不知道的是，广东英德大量出产的英石已经逐渐成为太湖石的替代品，白天鹅宾馆的中庭用的正是英石叠山。与其说广东是在模仿江南地区的园林，不如说受近代发展之惠，这个地区慢慢引领了全国新的园林文化。“凉风起天末”，一个地区物候的变化，最终可能是在另一个地区才感受到的，就像旧日，关中和洛下来的诗人白居易客居江南，一个外地人反而提升了南方风景的令名。又如江南园林之中，人们经常可以看到做法复杂精美的硬木家具，事实上，这种风尚也是在明代才蔚然流传的，它所获得的特殊木材，却和经由广东、福建转口的南洋贸易有关。正是遥远南方的风，吹动了内地风景里的树林。

由此可见，“活的中国园林”必然与发展中的社会史和文化史有关，它真正持久的生命力来自看不见但一定存在的源源不断的

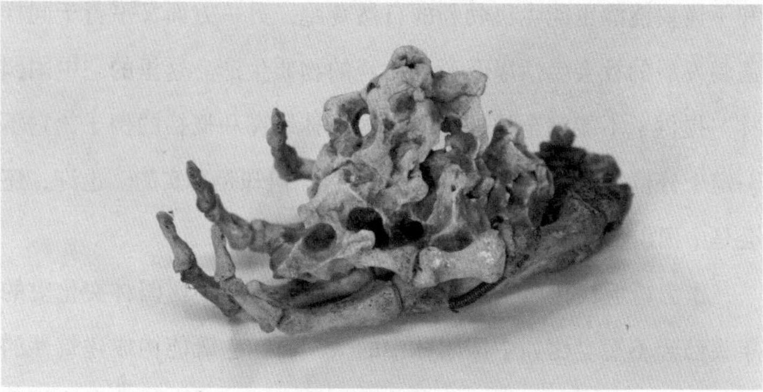

董文胜，一拳五岳，100cm×120cm，哈内姆勒硫化钡纸基，2007年

营养，而不只是某时某地、某种一成不变的基因。

因为生长，它才活着。

这种活的文化同时意味着遗忘和更新，为我们带来了大家今天所认识的“中国园林”。我们在欣赏一样事物时，往往容易忽略由此形成认识的复杂机制。英国建筑史家罗宾·埃文斯在解释人们观察建筑的过程时，将这种机制称为“出神”。一位美丽的姑娘会让你沉浸于她美貌的同时，忘记了她个别的生理特征。你也不大会在感到愉悦的同时分析这种愉悦的具体来源。[7]同理，我们甚至不会在乎她的父母是谁，还会宽宥她智力超群但相貌不算出众的子嗣。但是，假如她真是绝代美人，为了使这瞬间的美丽永存，我们难免需要熟悉她的整个家族史，了解她全部的人生和真切的过往，包括那些不太有趣的方面。在部分传统被无情撕裂的当代中国，园林或者慢慢变得只有在博物馆中才可以感知，或者在日

广东英德是著名的英石产地，这种园林石已在当地形成一个重要的产业。作者摄于2018年

常生活的语境中失去原有的光彩，于是，这种深度理解、跨时空感受的需求变得更加迫切。

这样“活的中国园林”的故事绝不限于我们时下所听到的，或是坊间所滥泛的。我们将在本书中寻访那些已经趋于消失的风景，在幅员辽阔的中国土地上追索更久远的中国园林的痕迹（第一章和第二章）。这些湮灭的风景的幽灵以及与此相系的汪洋恣肆的物质和非物质文化遗产——其中最重要的是古典文学和民俗，才是我们今天了解中国园林的更大基础。

我们会看到中国经济格局曲折的变迁，包括广东在内的全国其他地区的近代化浪潮，因缘际会，将一个狭小区域内园林艺术的声誉推上了高峰，直至它幸运地成为庞大的园林遗产的代表（第三章）。

但是这种园林艺术并不能自述其意义。时至20世纪，向西方学习和整理国故一道，使中国建筑师对园林这一文化遗产产生兴趣，并在反观营造传统的中西差异中，发现了这种文化遗产的智性因子；而除了文人士大夫的自我审视，令当代人咋舌的城市化发展也催生了前所未有的营造热潮。具有无可置疑的现代性的“空间”之问，彻底打破了人工、自然的混沌，使风景有了价值，把土地和人的关系、城市和人的关系，变成了生民立命的重大话题（第四章）。

把这些更具体、更底面的东西讲完，最后才是富于表现色彩的内容，也就是类似于当代“园林艺术家”所致力的东西。园林不仅在苏州，也在人们的无尽想象中（第五章）。仅仅就艺术的感染力而言，这些想象可以和旧的园林文化媲美，它们也构成了我后来在德国筹备的展览的主要内容。展览轰动一时，因为它把一种古老的中国艺术用现代方式带到了一座同样古老的德国城市中，出人意料的是，那个展场甚至还和这个主题有点儿说不清的关系。但我心里清楚，艺术博物馆中开始的这些实验毕竟有限，并不能涵盖广袤的中国国土上“活的中国园林”的全部（第六章）。

想要了解“活的中国园林”，最好的办法还是回到茶山。为了写这本书，我在12年后的一个周末又来到了这里。

不出所料，那个打动我的亭子已经不见了，取而代之的是一个新亭子，主政者或许认为眼前这个升级版才更合适，而周遭也扩建成了一个更正式的城市公园。新亭子的设计令人不敢恭维，好像做得有点儿过头，又成了我不太喜欢的北方城市园林建筑的风格。不过，当地居民显然获得了更好的休憩条件，而熟悉的大榕树和玉兰树也还在那里。看上去这里的生活依然如故，并未受到制造业经济起伏的影响。相比过去那个不大有人问津的野园子，现在的亭子里外有了更多的游客，骑着滑板车的儿童追逐其间。我很喜欢这种其乐融融又生活化的感觉。

无论如何，我都不太确定自己来过这里。是这里最新的发展确实不尽如人意，还是我的记忆无端美化了我曾看到的一切？就连当初带我来这里的朋友老孙，也产生了同样的困惑。

我在这不算出名的小城中久久地漫步、沉思，同时追寻着一种古老的物质文化样式变迁的踪迹。我意识到，即使在一个并不算长的时间跨度内，它也已经有了一部不一样的历史。

南京愚园新构，当时尚未注水。
作者摄于重建项目2016年开放前

1

* * * * * * *

那些逝去的名园

《东京赋》曰："濯龙芳林，九谷八溪，芙蓉覆水，秋兰被涯。"今也山则块阜独立，江无复仿佛矣。

——（北魏）郦道元《水经注·谷水》

翻开任意一本中国园林史，大部分篇幅都集中在明清两代的园林。而随便走进一个现存的老园子，说明牌上也总会发现这样的文字：

……始建于……在明代时……××年，经过修葺，对外开放……

园林，在大多数人心中首先是一件“作品”，其次才是个有年头的空间，这“作品”经年累月，难免改变，以至于早就不是过去的样貌。直到具有某种现代属性，园林才变成了一个地理位置清晰的“场所”，和周遭更多人的命运联系在了一起。难怪中国园林史的写作者十有八九是学习建筑设计出身，他们分外关注实地和实物，聚焦于眼前效果而非岁月留痕——但是且慢，“过去”的园林和“眼前”的园林，究竟有怎样的区别呢？是什么样的历史园林，构成了一部有意义的园林历史？

园林考古学的任务特殊，就像古城的保护，在逻辑层面上面对着类似的难题。特殊就特殊在园林的某一部分——那些本有生命的东西，是无从“保存”的，园林遗址并不像建筑遗址一样，能全然拒绝新生命的轮回。

其实，我们只要稍加思索，就会发现古代的园林难以一成不变地“保存”下来，今日之花绝非昨日之花；但另一方面，所谓的园林，难道不应该是一种不断生长的事物吗？这个逻辑难题暴露了园林史中比较含混的一面：它到底应该是记述已经出现过但不再变化的某些事物，以“物”和人对“物”的创造为中心，还是记述人事，以“事”的连续书写一种不间断的“人”奋斗的历史？如果是前者，传统的继承者往往面对着“有名无实”“所对者何”的尴尬。如果是后者，“园”的所指就更加模糊了。建筑的物理面貌会改变，就像园林一样，但它的来龙去脉很清楚，哪怕从有到无，它始终有别于周遭事物。而园林就算传承有序，它的立意也会随主人变更；即使主人不变，从属于大自然的园林也会发生这样那样的变化。变化之后，很难说，它还是原来的那个“它”。

变与不变，关系到园林的主体是谁：现代建筑设计往往会假设有一个身份中立的使用者，园林可不行。中国古代思想家庄子和朋友惠施出游，在濠水的一座桥梁上，惠施向庄子提出了一个哲学问题：子非鱼，安知鱼之乐？

按说是这样的。从现代人的认知角度而言，我们不可能理解古代园林之趣，因为园主始终在变化，今天拥进园子的熙攘人群，断不是最初的设计者所期待的此间“主人”。但我们惯称的那个“园林”，分明又是最“中国”的。和其他空间艺术不同，中国的书面传统，尤其是文学，和园林有着异常紧密的关系。除了物理层面的遗存，还有跃然文字间的“中国园林”。

别的先不说，大多数著名的园林一旦没了名字，或者是翻译成其他语言，就立刻不知所云了。更不要说那些与园林相系的楹联和诗句，脱离了这些“语象”层面的东西，园林自身的“意象”也会大打折扣。但只要中国园林的“诗心”还在，在同一文化传统中浸淫的人就可以共享它永恒的特征。现代人老生常谈的园林“气象”持久的主体，大到甚至必须以“中国”做前缀的那些东西，早已是一种宏大、广泛的集体无意识了，否则，我们就不能解释这种传统在中国显然持久的生命力。

终点和起点

对真正的历史园林的追索，正是从这种蛛丝马迹的分歧开始，然后重又归于一统。

第一个这种意义上的中国园林考古现场，居然就在离茶山不远的广东省省会广州。1995年7月，中山四路忠佑大街城隍庙西侧的广州市电信局计划在该局大院内增建一座综合大楼，因为附近在20年前曾发现著名的南越国（汉初一个独立于当时中央政权的方国）宫署，所以工程动工前，文物部门没忘了在工地西南角开探方，以检测周围是否有重要的历史遗存，但是他们挖了很久都无甚收获。直到后来，人们才恍然大悟，原来在大约4.5米深的地下，竟然隐藏着2000年前一座园林的旧迹，所以这里出土的遗物并不像建筑遗址那么密集。

今天去参观“园林遗址”的人多少会有些困惑，因为能保存下来的“遗址”并不足以复原昔日广达4000平方米的园林水景。人们仅可看到整个石构水池的西南一角，有着灰白色砂岩石板呈密缝冰裂纹铺砌的池壁，加上碎石铺砌的平正池底。水池东北角散落的八棱石柱，让人联想到某种域外影响。[1]除了石栏杆、石门楣，以及具有汉代文化特征的瓦当、板瓦、筒瓦等建筑材料和构件以外，还有一根大型的叠石柱西南向倾倒在地上。人们推测，广袤的水池中曾有一组建筑。1997年对遗址再次发掘，揭露出一段弧形长约150米的“曲流石渠”遗迹，以砌筑严正的砂岩石块为基石，灰黑光亮的卵石和石板铺底，使我们想起后世记载中所说的“曲水流觞”。这也就是我们对于昔日南越王奢华生活想象的尽头了。

附近并无太高的建筑，能看得见的城市也已是簇新。但看得出来，当地对于文物遗址的保护，还算是按园林遗址应以园林（式样）展示的原则进行的，设计者颇费了一番心思。只是当代园林人对于“园林”两个字的认知已有些错乱：这样剥落出来的地

本页及右页图：南越国宫署园林遗址陈列，高伟摄

表，差不多是中国大地上最古老园林的留存，但此“园林”现在并不是一处完整的景观，而是一截片断的物品。正如当代设计师放在聚光灯正中的“中国园林”一样，核心园林区的挖掘现场，现在成了室内的展台。[2]

我们在这里看见的第一类“历史园林”其实只是个骨架，早已失去了原有的血肉，博物馆的展陈设计者不得不在一旁放置提示文字，告诉你眼前的一切在过去有着怎样的“原貌”和“效果”：

> 池内南北竖起两列大石板和两根八棱石柱，表明其上应建有水榭类建筑，可惜已毁！
>
> 石渠当中筑有呈水坝状的渠陂，当水流涌过渠陂，冲刷卵石，会产生粼粼碧波和潺潺水声……[3]

博物馆室外的园林遗址想必并未全部消失，只是已经不再露出地面。为古代园林遗址服务的绿化景观，也就是现代的园林，并不敢轻易争抢地表的风头，而是周身都努力透出一个“古”字，它们构成了第二类“历史园林”，或者字面意义上显形的“历史园林”。它们大致勾勒出旧日遗存的轮廓，却比旧日更简约，机械作业造就的景观就像新剪的头，没有什么时间留下的痕迹。我们不大能想象，没有眼前这些现代营建的时候，南越国宫署的园林该如何与它周遭的城市对话。

中国古代园林史的起点应该比这更早。据说，商周时就已经有了沙丘宫、灵囿、章华台……[4]这些隐约出现在古诗文中“狩猎公园”式的风景也许并不都是设计的产物，但它们表征的核心无疑是人征服一切的意志。到了南越国宫署兴盛的时代，这样的园林在北方已经发展至巅峰。在令人叹为观止的文学经典《上林赋》中，西汉著名文学家司马相如就对帝王在园林方面的想象力发出了如此的惊呼：“君未睹夫巨丽也，独不闻天子之上林乎？”

司马相如以华丽辞采虚拟的对话，勾勒出一座宏大惊人的苑囿。按照他的描述，这种苑囿几乎就是自然本身，只是因为规模稍小，出产运营受制于人，才成为“第二自然”[5]。峨峨矗矗的崇山、浩浩茫茫的大水等天地间诸般景象一应俱全，翔集奔走凫游其间的禽鸟兽畜鱼虫无不尽有。晨昏往复的四季景象，象征着天子奄有四海、富足天下，而其中还有后起的弥山跨谷的离宫别馆和高廊曲阁。“扪天奔星”，建筑不仅仅是人的意志和造化交通的一种媒介，就像早期的神话和风俗所反映的那样，慢慢地，它们还成了一种改造自然为人所有的工具，“醴泉涌于清室，通川过于中庭”，人在这里尽享人间物产和芳卉，逐渐把这个打了折的世界当作了唯一的世界，它们现在弄假成真，变成了“第三自然”[6]，这才是中国园林在接下来两千年内的真意：

卢橘夏熟，黄甘橙榛，枇杷橪柿，亭柰厚朴，梬枣杨梅，樱桃蒲陶……罗乎后宫，列乎北园。

不像后世的园林是在人境里，这里描述的一切仿佛就在天地

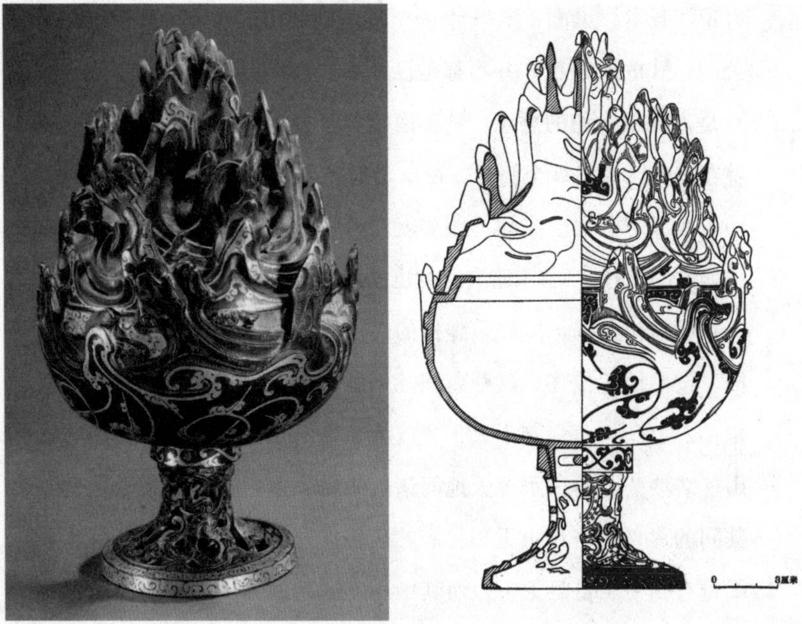

河北满城陵山西汉刘胜墓出土错金青铜博山炉，线图采自中国社会科学院考古研究所、河北省文物管理处：《满城汉墓发掘报告》上册

之中。虽然看上去还是未经改造的世界，但人的意志已经无孔不入，织成网罗：“若此者数百千处。娱游往来，宫宿馆舍，庖厨不徙，后宫不移，百官备具。”于是乎，任性天子可以把他的百里上林变成一台盛大的演出：

乘镂象，六玉虬，拖蜺旌，靡云旗，前皮轩，后道游……

千人唱，万人和，山陵为之震动，川谷为之荡波……于是酒中乐酣，天子芒然而思……

游戏之余，最初的园林显露了它的本色：它是靠人力运转的一部自然机器，人同时也仰赖其生存。司马相如并非一味歌咏，而是在称颂之余批判了全国范围内兴起的奢靡之风，他在文末指出，不加节制地扩张游苑，可能给帝国的统治带来重大危机："齐楚之事，岂不哀哉！地方不过千里，而囿居九百，是草木不得垦辟，而民无所食也……"于是皇帝下令停止在山水间的游乐，让庄园回归生产性的角色。这样一来，皆大欢喜，"四海之内，靡不受获"。

即使距离汉帝国的统治中心将近两千公里，在广州的考古发掘现场，你也可以再次感知上古园林的豪放尺度。但现存的一切，依然不足以说明那些超大型古代园林给人的感受。同时期的汉代文物即使在南方也并不罕见，但是和其他古代文明的遗址——比如至今尚存的罗马帝国废墟，或是"生前"物理情状更加明晰的建筑类遗址相比，汉代那小半夺天工大半靠想象的园林空间，就像广州这个被意外发掘出的园池一角，已经很难复原出它当年的景象。在广州的历史遗址，今天已然是闹市中的一角，比起附近勃兴的现代建设，即使当年的苑囿复生，恐怕也相形见绌。在南越王宫博物馆的另外一处空间——既非发掘古代的现场，也不是现代绿化衬景，按照学者们构想中的园林原貌特意恢复出来供游人实景体验的，还有一般游客容易忽略的第三种"历史园林"，它在概念上属于过去，却没什么古代的气息。

有趣的是，这个重构出来的古代园林的片段，居然像正投影一般摞在了考古遗址的头顶。它其实是一座“屋顶花园”，覆土不可能太深，而且只有凭借现代高层建筑才有的人造地形，方成为匪夷所思的现实。虽然平面构图严格遵照楼下的遗址陈列，它却俨然是现代公园的模样，还是在螺蛳壳里做道场的小公园。

“两处茫茫皆不见”，要么有事实却缺乏感性，要么仅有直觉却无所依凭，在这种情形下，我们只有回到完整的文本结构自身，才可以确证汉代人宏大的宇宙观不只是白日梦呓，连带这些文字，也是人类征服自然野心的一部分：“苑囿之大，欲以奢侈相胜，荒淫相越。”对比古今，我们会幡然醒悟，不管创作初衷是什么，司马相如的辞赋都比园林自身的生命力更长久。你不必介意那些模糊的细节，无须背诵那些艰涩的词句——现代人已经很难知晓它们的确切含义。在想象的世界里，表象和实在的同构，小大形式的关联，赋予了所有自然现象人的色彩，渺小的人在想象中践履山水之间，于是人征服自然的行为有了与物同游的意义。

只有带着这种眼光，怀抱这样的胸襟，你才可以辨认出一座更阔大的文化“遗址”的存在，当年它不只对大地景观有所增削，更成为表现人们世界观的一座缩微模型。

也许在文化史中，后者的痕迹会比博物馆里的园林遗址保存得更加完好。

尽管物事纷繁，但在中国，正是三个不同层面的竞争与发展，才让这样的文化—自然协奏显示出清晰的脉络，中国园林由此变得举世无双：首先，多样的文化地理格局让泛泛的“山水比德”

变得具体和生动。上古先民已经注意到域外方国并与之保持着密切的交流，多民族融合的历史进程带来了不同地域间的想象和欣赏，《诗经》歌咏的景观已经延及北到滹沱河，南到汉江流域，东到渤海，西到六盘山的广大区域，[7]这以后，无论是南—北、胡—越的天然分立，还是关中、江南、幽燕、东北、岭南的次第兴盛，都使得不同的园林文化可以相互参照，共同创新，络绎不绝带进新的“意匠”。其次，至少在书面上趋于一统的中国文化为“中国园林”提供了共同的文化背景，共享的诗情、各具特色的地方风景，不同的生活方式之间又构成张力。最终，“中国园林史”也最典型地体现了“园林”的价值，它不仅仅是正向的累加，也是特殊的时间的建筑学，体现了中国人更惯于使用的那个有关风景的词语：“沧桑”。

如同两个层面的上林苑一样，中国园林不仅有可见的风景，也由无形的思想建构所丰富。在这里，丧失反而也成就了一种价值，时间所体现的价值。

像上林苑那样野心勃勃以文化改造自然，成了后世园林一种实在的传统，带头这样做或许成了每个统治者证明自己正当法统的手段，于是两千年来，经济能力宽裕的帝王无不执着地践行着汉武帝的梦想。你现在去北京时，可能不再觉得故宫御花园中巨大的石山有什么特别，而托号“三海”、象征着海上阆苑的城市人工湖和尺度更惊人的现代景观相比也可能平淡无奇。但在明清之前，帝国都城中的人烟没有那么稠密，几乎每个皇帝都会把宫苑可观的部分托付给一个和原始莽荒保持着联系的神话世界，对于那些有幸目睹它们的人而言，这种做法本身便着实有些“可观”。

与此同时，另一座不易察觉的文化园林，也像影子一样伴随着这些历史上的名园出现了，当这些神话般的名园绝大多数都不见踪影，这座特殊的“园林”还长存在中国人的文化记忆中——这样的“园林”兼有虚实两种特征。例如，同样是汉武帝的建章宫中，已经出现了一池三山的模式，象征着海上的三座仙山：蓬莱、方丈、瀛洲。[8]它们出现在广阔的水面上，可望而不可即；而恰恰是这种内含的虚幻，让这种特色景观成为千百年来中国园林中主要的悖反主题。偶然留存的终点，看不见却无处不在的起点。

园林存在，因为它永远诉说着不可触及、无法证明的东西。

名园之劫

很多园林恰恰是因为它的毁弃而被记住的。北宋时期著名学者和官员李格非的《书〈洛阳名园记〉后》就指出了这一点：园林见证着动荡的历史。洛阳，一座从唐末开始就再未恢复元气的都城，本身就是以那些精美的园林和风景著称的，据说这里曾有数以千计的名园。

洛河自西而东流经洛阳全境，冲刷出一条自关中而来的文明走廊，伊河发源于栾川，自南至北流经嵩县、伊川，穿龙门而入洛阳，这大致“T”字形的山水格局，流丽、绵延，和古代中国人

“天下之中”的观念所寓意的理想城市网格重叠在一起。这城市框定的视野里，有城北的邙山，也有洛河上的“天津桥”，桥下仿佛是永远的春天：“天津桥下阳春水，天津桥上繁华子。”（刘希夷《公子行》）但是这种寄意千秋万古的风景，就像永恒之城罗马的废墟一样，反而提醒了如今去往文明故地的人，使他们情不自禁地感喟于“变化”，因为眼前几乎什么都没有剩下，甚至痕迹也不复存在。

洛阳是我国中古时代文明的缩影，而金谷园则是洛阳风景最华丽的片段。造园者石崇家世优渥，权倾一时，金谷园建成后，

福建泉州万安桥。因在洛阳江上，又称洛阳桥。洛阳风景是中古中国对于风景想象的极致。作者摄于2015年

他经常邀请当时的“金谷二十四友”到园中饮酒赋诗，从散见各种文献的《金谷诗集》中，我们大概能知道金谷园的形制，如石崇在为诗集所写的序中说：“有别庐在河南县界金谷涧中。或高或下，有清泉茂林，众果竹柏、药草之属，莫不毕备。又有水碓、鱼池、土窟，其为娱目欢心之物备矣。”这是一座既像庄园又似后世文人游赏地的园林。而在金谷同游者之一、中国古代著名美男子代表的潘岳眼中，金谷园风貌近乎自然，规模依然有些神似上古的苑囿。据说，它占地四十顷，有羊二百头。

然而，金谷园毕竟不是上林苑。它现在有了一个身份无误的“主人”。除了风景里固有的那些具有生产功能的景致，园林并非只剩下宏大的象征，而是和园林“主人”身败家破的悲剧紧密相系：金谷园中，骄纵奢华的石崇有一爱妾，名曰绿珠，“美而艳”，为人所觊觎，不仅为石崇引来杀身之祸，绿珠也慨然为主人坠楼自尽。“繁华事散逐香尘，流水无情草自春。日暮东风怨啼鸟，落花犹似坠楼人。”（杜牧《金谷园》）

即使此地成为一片白地后，这简单而动人的死亡仍招来千载以后的一声叹息。尽管故事的细节被时间冲刷得一干二净，就连金谷园的故地在哪儿也成了谜团，[9]中国的“历史园林”却并不一定需要物质化的情境来回忆前生。和上林苑一样，记忆的密码藏在文字的传统（故事、联想、比兴）里，寄寓于代代传承的自然与人情的微妙勾连中。

在这种传统里，石崇和绿珠不再是抽象的历史人物，而是金谷园本身。对于走过洛阳丘墟的访客，他们的故事具有一种移情式的“代入感”。一个19世纪末的巴黎人每日穿过广场，抵达街角他常去的咖啡馆，吸引他的是咖啡熟悉的香气，而“落花犹似坠楼人”，来到洛阳的怀古者只要看到一片飘落的花瓣，眼前的风物便足够有情了，可谓“见微知著”。也正是如此消逝的风景，才成就了洛阳最深刻的寓意。构成“花之洛阳”原材料的不是物质化的东西，它代表着农耕文化对生活最绚丽美感的想象，却又与“繁华落尽”后山河破碎的一般幻灭有关。和洛阳的名字联系在一起的还有“荆棘铜驼”的谶语，“自然”兀自生长，可是动荡不安的人世却面目全非。[10]

由此，李格非发出了“园囿之兴废，洛阳盛衰之候也”的感慨。表面上他揭示了公卿大夫忘怀“天下之治忽”的错误与这种灾祸的起因，但即使没有战乱，每个园林的主人不也注定会失去他的园林吗？令造园者“欲退享此乐”而不得的园林，恰恰是在得失之中魅力顿生。园林的设计养成和败落废弃，故园和废园，两者同是园林历史的一部分。

在李格非生活的时代，北宋都城东京（今河南开封）有了中国园林史上更有名的一座废园。今天，这座园林是以它古怪的遗址知名的，当年，在这里发生的另一出悲剧，几乎是在《书〈洛阳名园记〉后》写成不久，就应验了李格非的谶言。

风流天子、艺术家皇帝宋徽宗赵佶是理想的园林赞助人。他设计的“艮岳”其实是一座生造出来，把上林苑梦想浓缩为现实的人造山岭。按一般的解释，由于当时宫城太矮，设计者试图人造一座崇峨的山岭以增形胜，天子的气度和胸襟，使其危踞于平地之上，是为艮岳之“艮”。不像后世那些纤巧的江南小景，它透着古时沙丘和灵囿的风范，“法天象地”，俨然一座露天的自然博物馆，“而天造有所未尽也”。这个袖珍的“世界之窗”，移来天下四方的珍奇卉木，如赵佶在《御制艮岳记》中所说：“不以土地之殊，风气之异，悉生成长养于雕阑曲槛。”而艮岳中有一块巨硕无比的奇石名叫“神运峰”，即令当时胜载的船舶，也要数十艘并排才能放下。收集奇花异石的任务摊派给全国人民，使他们不胜其扰，是为“花石纲”。

艮岳开创了大型假山的传统，把风景之功托付“营造”。[11]兴致勃勃的皇帝也是一位“能主之人”，现在，他不满足于只做汉武帝那样象征性的园林拥有者，他还要把园林看成他亲密的朋友。江南请来的叠山工人，“谓之山匠”，江南请来的秀美石山，无论大小，就好像他赏识的臣子，还要为之留下画像。这项向自然发出邀约的工程空前绝后，后世的哪一座假山都无法企及艮岳的规模和投入，不能承担它的成本和风险。试想，每一块叠石都是独特的建筑“部件”，难以用精确的施工图纸予以指导，既要塑造理想的形态，又必须符合力学原则，每一步都不免在施工现场随时调整。艮岳是体量惊人的土山嵌合大量的石面，而近世的园林大多是纯然的“石山”，顶多在内部用暗藏的铁钩补强。即使到了当

赵佶，《文会图》，绢本设色，184.4cm × 23.4cm，台北“故宫博物院”藏

林華國古今同
詠飛毫醒醉中
士作新知入彀
圖猶喜見文雄
臣京謹依
韻和進
特不與有唐同
表人歸大道中
笑當年十八士

代的中国园林，已经改换了不同的胶合方式，小小一山之所费依然昂贵。[12]

可是，艮岳完工不久，到了北宋靖康元年（1126年），就遇上了金人南下，宋徽宗与宋钦宗二帝被俘，北宋随之灭亡，城内秩序大乱，都人“避虏于寿山艮岳之颠”。就在金兵进城之前，宋人已毁屋作薪，斫尽了艮岳芳林里的大木，就连御苑的山石也都拿去做了投掷的炮丸，锦绣一点点碎成了齑粉。自来优柔的宋室“难战”又“不和”，如今只能眼睁睁地看着卉木清赏摧折成了守战之具，多少年辛苦经营一朝丧尽，这些如同巨型艺术品的园林石，遭遇了悲剧性的结局。

2016年末，我曾在雾霾浓重的冬日考察过艮岳的遗址，于我而言，艮岳虽然是一个建筑群，但又不是纯然的景观，不同于其他任何被夷为平地的中国古代园林遗址，如此高大的里程碑是不大能以古时的人力完全摧毁的，它只能在时光中缓慢湮没。这庞然大物虽然占地有限，历经各代削损，但直到明代末年，仍“俨然一座高山”。[13]两千年来的洪水泛滥本是天灾，流经开封的黄河日渐成为“悬河”，加上1642年黄河水灌入开封城，园林连同城市，终于被埋在9至12米深的黄河淤泥之下，原来的山巅现在成了地表——在当时，艮岳理应在城市中一望即见，因此才得名“艮”，讽刺的是，最终这山埋入地下，高度变成了深度。

即使置身其中，践履其上，我们也无法确知艮岳的独特“遗址”究竟是什么样子，在似乎即将兴建与此有关的主题公园的荒地上，我们看到的只是遍地弃置的垃圾。但“它就在这里”带来的兴奋又如影随形，时至今日，站在龙亭北路和豆腐营街交叉口向西北、东南方向看，仍然可以感觉到平坦的开封城内不多见的地形变化。如同发掘前的南越国宫署最高层相当于博物馆的地面，也许，我们同样漫步在艮岳这座古代园林的头顶上。[14]

但我们决不能将整座城市都刨开来寻找艮岳。《周易》中有“艮”卦，象征着一种以不变应万变、不战而屈人之兵的古老思维。然而越是丰厚的过去，人们就越无法把握它那被埋葬的整体。艮岳在哪里？在今日的开封街头，如果你这么问起，人们只会用一些含混的词语回答你：“可能吧”“大概就”“应该是”……其实它就在这里，我们脚下被泥沙包裹的黑暗就是艮岳，历史并未远去，废墟的“内里”自是一座幽晦的巨岩，相对于过去的地面依然高危，不过这座被埋没在地下的园林沉默不言，难以抵达。它无法以“远”“近”计。在这幽茫的历史遗址中，今日的地形早已迥异于昔日的构造，知道它在这里，并不意味着就可以了解它。

霎时间，天崩地裂，飞沙走石，象征崩塌了，画境泯灭了，“艮岳”真的消失了吗？它的结局其实是模糊的，它的末日也是漫长的。据说，东京被围时大雪纷飞，城破后天气竟诡异地转好，仿佛是为了让世人得见它最后一面：“丘壑林塘，杰若画本，凡天下之美，古今之胜在焉。”[15]另有记载说，艮岳被毁那年十一月某日，大雪初霁，平日不得涉足御苑的京城百姓避难于美不胜收的阆苑中，他们遥望城外的烽火，不知是喜是悲。围战里残破不堪的都城再经金人的劫掠，很快几乎就不剩什么东西了，只需待到来春，号称“天下之杰观”的艮岳，就会变成一片丘墟。

其间究竟发生了什么？“成、住、坏、空”。

佛教思想赋予了园林完整的意义轮回，而不只是简单地使之“毁灭”。我们知道这座荡然的空中花园的一些身后事，这涉及艮岳的进一步“死亡”或者“再生”：即使在攻城战中有一部分粉身碎骨，又在后世的洪水中大部分深埋地下，庞大的艮岳仍有很多遗物在世间“流传”，不乏某石某峰，后来装点了大江南北的名园和豪宅。历历在目的过往和已经靡费的热情，就像一般艺术品的命运一样，充满了“有”和“无”的张力。后人将此敷衍为谶纬和报应的故事，据说东京曾有个姓燕的工匠，他的花押为“燕用”，后世便传说他所题签的艮岳建筑，将来注定要“为燕人所用”。“燕用”，点明了这些繁华楼台将反复播迁的命运，宛如阴冷的咒语，把赵佶的五色祥瑞都散化为噩梦般的黑云。[16]

仿佛是冥冥中的魔咒仍未除魅，金人，也就是将汴京园林拆毁至北方的“燕人”，得志的时间并不长。就在大约一百年后，他们的子孙也遭遇了类似的命运，用宋人锦绣点缀的金人都城燕京（今北京），为更强悍的游牧民族入侵，他们不得不退往曾经被他们毁坏过的开封，在那里迎接自己覆灭的命运。这一次，被后来居上的蒙古征服者和急于复仇的南宋军队共同夺回的汴京，气息奄奄的废园所在，竟然只剩下数百户人家了……就如同唐代长安城的结局——“百万人家无一户”（韦庄《秦妇吟》），对隋唐时期洛阳结局的惨痛回忆，李格非不祥的预言，如今都又成了现实。

被金人大卸八块的“艮岳”继续远行，落入了一轮更大的命运循环中。原来变乱长安和洛阳的兵火，不过是要“问鼎中原”，长久以来，中国古代的政治中心就一直在黄河流域移动，那里的风物也是迄今为止中国园林文化的底蕴。但这一回，蒙古人把艮岳的碎片带到了冬季更寒冷的北纬40度线，甚至更北的草原，在那里，中国园林的历史将要融入另一种不同的季候，开始烧制有着华彩琉璃瓦的皇家建筑，将会用艮岳的碎片装点新的山水和风景。

在今天的北京，尤其是北国高天萧瑟的秋日里，你或许还可以感受到艮岳遗物所携有的阴郁气息，比如北海琼华岛的东北石坡，中山公园四宜轩旁的“绘月”，社稷坛西门外的“青莲朵”，据说都是北宋故都园林里的旧石，是作为战利品被运到这里的。这种未经考古发掘，也无书画般题跋的园林遗物，到底是否来自艮岳，其实无法考证，但是托名“艮岳”的奇石早已不需要自证身份，它们的“传说”本身就是价值所在。[17]

更不用说，再往北走，还有难以描摹的经多重“燕用”的无名弃料，金人败落，园林碎片再属蒙古统治者，它们或许就躺卧在西伯利亚寒流时时席卷而过的冻土层里，它们曾属“花石纲”，来自江东抑或产于淮北……由南方到中原，再到北京，又往松漠，从北京径直往北一千里，在金和宋共同的终结者蒙古人建立的上都，曾有一座高耸入云的“大安阁”，据说就是由汴京艮岳中的“熙春阁”（金人称“同乐园”）拆卸重建。宋徽宗的梦境在那里得以再现。[18]如果这些传说都是真的，那么在那里，在蒙古的草原上，才是一路流离的艮岳碎片最后的终点。

“艮岳”这一残酷的结局，充实了有关我们脚下这个“艮岳”的想象。原来艮岳并没有消失，不管是没于泥沙之下，还是散落在别人的园林中，它不过是潜入了故地的暗处，继续陪伴着它的子孙。或许，它就是米歇尔·福柯所说的同存于现实、对称于现实而又不同于现实的“异托邦”。

宋徽宗营造的“艮岳”曾是东京梦华的代名词，如今却变成了一个神话。虽历来不乏胜词作传，但艮岳的魅力不在它的初创，而在其悲剧性的沦丧，在于记述它末日的寥寥数十言中，在于后人对环绕艮岳无边无际黑暗不安的想象中。后来，在《金阁寺》中，日本作家三岛由纪夫将这种美和毁灭的关系比作夜空明月，三岛的文字可以直接拿来描述艮岳，那我们永远也不会有机会目睹的艮岳，一切该是“以涌现在其四周的暗黑为背景。在黑暗中，美丽而细长的柱子结构，从里面发出微光，稳固而寂静地坐落在那里”。在永恒的时间之河中，这种美“必须忍受着四周的黑暗”。[19]

两种艮岳都有可能是真实的：一为荒芜的历史，一为繁华的梦境。只要汴梁的子孙还能感受到它们，那些谶语的魔力就并未真正消失。

徽州建筑山墙，作者摄于2011年

2

* * * * * *

园林的死与生

未知生，焉知死？

——孔子《论语·先进篇》

既然“变”构成了园林不变的旋律，如何能将变化中涌现的纷繁复杂的现象与事物——今日的社区公园、湮没已久的历史废墟，上林苑、金谷园，看得见的历史遗物、看不见的地下艮岳，都统一在“中国园林”这个大主题下？这种貌似不连续的历史，却隐含了某种内在、持续的线索。对于不熟悉中国历史的人，这一点格外值得强调。

今日人们对中国园林的兴趣受到西方空间艺术定义的影响，对于后者所在意的物理类型而言，“园林”（Garden）是个单数，它的共性超过了不同个体之间的差异。但国外在翻译中国园林时会使用不同的单词：最早是“苑”（Hunting Park），是“囿”（Orchid），而不一定是《诗经·郑风·将仲子》所说“无逾我园”的“园”。这以后，园林的概念实际上一直是含糊的。

事实上，就连“园林”这个词的含义在历史中也发生了剧烈的变化。

西晋的张翰在《杂诗》中说到“暮春和气应，白日照园林”，这里的“园林”事实上是“园”加上“林”，包含两个有区别的指涉。而古代汉语的特点之一，就是它常围绕一个单字衍生出无数近义词。后来，“园”“林”在现代汉语中固定为“园林”，慢慢为大多数人所接受。但是，对无法有标准定义的一个概念群集而言，它显然只是一个权宜之计。在古代语境中，两字一起使用的时候，不总是等同于现代汉语的含义，例如“林园”和“园林”意思就不大一样。

汉语里和“园林”有关的名词恐怕无以计数，什么“园池”“林苑”“宅园”“花园”“苑囿”等等，这些词语既对应着不同园林的物理类别，也暗示出它们各自的社会功用和历史渊源，其中的千差万别，很难用一个名词来概括。

正如园林史家约翰·狄克逊·亨特所说，园林是一个“意义有争议的领域”。[1]它可能有大体清晰的空间意向，但是不妨碍它也有复杂无尽的物理形式，或者难以预料的功能和消费。上林苑中激烈的道德对话或者关涉皇帝和农民在山泽和苑囿中的不同利益，或者隐含了宋徽宗逸乐而极的悲惨下场，或者预示着中古以来私家园林时常需要面对的变动不安的城市语境，这些从一开始就存在的对立和差异，决定了园林不可能仅仅是一种“设计”。令它千秋万代维持下去的决心和它不得不服从的自然律与社会力量之间，必然构成巨大的张力。

也许，李格非所说的园林已经把这些都考虑在内，而能够应对这种变迁的园林就是那些最有魅力的园林，哪怕它是“历史园林”，一种鬼魅般的存在。园林不仅寄身现实，也遁形在时间中，化于现实，甚至还依托于词语。

现代园林史学科创始人之一的陈植就提出，与其费力气讲清楚园林一定是什么，莫如提倡“造”园的共议，“造园”也就是使得……像……什么的一种努力。陈植建议用动词换掉名词，在他看来，活生生的“造园”要比静态的“园林”定义有趣得多。[2]

从废园到博物馆

艮岳之后，再没能出现可以和它相提并论的园林遗址。人事兴废的讨论时断时续，虽然园林在其中还扮演着同样的角色，但是并没有能和开封、洛阳媲美的“废墟”城市，也就不大有艮岳、金谷园那样惊世骇俗的园林，即使后来的天子们，好像也不大有在这方面超越前人的兴趣。相反，逐渐蔚为风气的是规模有限的私家园林，它们一般和住宅一起兴建，而且都有可以识别的、鲜明的个人标签。

唯一例外的，是七百年后“万园之园”中再一次闪现的火光。

这一次被摧毁的，是清代营建的圆明园。它位于从蒙古人入主中原以来建立的新的全国性政治中心，传统上称作“河北”或者“幽燕”之地的北京。比起历史上那些消失得无影无踪的名园，因为年代晚和记录手段的关系，它多少还在我们眼前留下了可以辨识的痕迹。它巨大的规模和多样的建构，足以匹敌历史上那些名园，更为重要的是它也具备了历史名园的所有要素：强有力的赞助人——比如素好风雅的乾隆皇帝，一种从元代开始就日趋成熟的本地山水文化，一套汇聚四方、久经积淀的营造方式，以及受新的时代风气推动的生活样式。

新的浩劫故事有一个显著的不同，就是这次带来巨大灾难的是西方的入侵者。1860年，英法联军占领北京。据说，为了报复清政府对他们外交使节的野蛮对待，他们洗劫了清帝在北京西郊

圆明园西洋楼远瀛观大水法遗址，作者摄于2015年

的园林住所，并且一把火将其烧成了平地。但这一次，它并未消失殆尽，除了诸多遗迹，还有一部分珍贵的摄影资料留存下来。就像李格非的文字和宋徽宗的绘画，摄影是新时代文化的象征，这种记录带来了另外一个层面的历史名园，而且在我们的脑海中难以去除。[3]

圆明园是一座“集锦式”的园林，这种“收集癖”在乾隆皇帝手中达到高潮，他就像宋徽宗一样爱慕风雅。圆明园并无当然的中心和易于辨识的物理轴线，游人可以像漫步在迷宫中一般，一个接一个地穿过各具特色的“景区”，体验“万物皆备于我”。

这些景区涵盖了天上人间诸般景象，它们是佛道“上界”图景化身的现实，是儒家治术下的风物“沙盘”，既有四季同框的景色，也有对帝国版图上最富于特色的园林和风景的模仿或是重新发明，甚至还有“西洋景”。这些异域建筑由两位来到中国的传教士——意大利画师郎世宁和法国建筑师蒋友仁——协助建造。其中有利用透视原理的“线法山”，有别于中国水景的机械喷泉、“大水法”，还有华洋风格杂糅的特色小品，比如代替西洋裸体雕塑的十二生肖兽首，这些作为喷水口的铜像至今依然有一部分流散在外。它们之所以重要，是因为经过一场烧尽木质建筑的熊熊大火，幸存下来的主体只有以石料砌成、最难摧毁的欧洲宫殿式的“西洋楼”和金属兽首了。

先后有两三批西方摄影师到访过圆明园遗址，比如德国人恩斯特·奥尔默、英国人托马斯·查尔德、法国人帛黎。[4]他们拍摄的照片经过恩斯特·柏石曼等西方较早的中国古代建筑研究者推介，激发了全世界对于这座“万园之园”生前身后遭际的各种想象，这种反应有别于此前中国人自己的园林怀古。

这不禁使我们想起南越国宫署迥异的三种历史：真实的、重新表达的、融入当代生活的。

第一种是绝对真实的园林。固然，幸运的话，通过特殊的“透镜”，我们可以像解剖学家观察标本一样了解过去园林的概况。乾隆九年（1744年），宫廷画师唐岱、沈源画有绢本彩绘《圆明园四十景》，从乾隆四十六年至乾隆五十一年，清内府又利用西洋版画技术刊刻《圆明园西洋楼铜版画》一套，计二十幅。借助这些现实主义的图绘与圆明园被毁不久的几批摄影作品，人们可以准确复原出一个数百年前园林的模样。虽然从元代起中国园林中就不乏异国风情，但难得的是人们今天还可以看到它们，仿佛穿越时空一般，它们的写实面貌一下子就会抓住我们："原来圆明园是这个样子！"

这种"如在眼前"的震撼，有别于阅读纯粹文字记载或是欣赏过于风格化的图绘带来的体验。由此而来的历史感，不仅关乎这些古老的园林样式本身，我们仿佛还可以顺着画家或者是摄影者的视角，看到一个没有被灌输现代意识，也未受中国艺术写意传统颠覆的"古代"。这里没有博物馆指示牌，没有便于接待大众的开放空间，道路和植栽样式也未经更动——它们以最真实的面貌呈现，只服从它们那个时代的秩序。假如我们可以用类似的办法看到上林苑、金谷园、艮岳，甚至了解南越国宫署中那些八棱石柱的实际用途，我们对于"中国园林"这四个字的想象又会被怎样颠覆？

第二种是设身处地理解了园林的历史意义而重建的园林。用庄子的哲学解释，"鱼的快乐"只有鱼自己才知道。我们需要潜入乾隆皇帝的头脑中，去给圆明园遗址的土穴、荒丘点缀亭台楼阁，更重要的，还得加上自然生长的风景以及看待风景的特定眼光。这相当于南越国宫署中按照考古发现复原了的"空中花园"，是本于遗址现状但又经过修复了的它应该有的"原境"。显然广州的北京路离汉代太远，闹市里的古代园林大沙盘也不那么吸引人，不过不管乾隆皇帝水平如何，他毕竟是个能写爱画又不惜投入的诗人艺术家。把这些缺失的信息加上，我们就离真正存在过的中国园林又近了一步。

最后一种是融入现代人生活的“历史园林”，它也是看待过去文化遗产最自然的方式，只是其中一定也有大大小小的误解：一种情况是普通人来到园林的遗址，知道它不平常，但也并不觉得如何苍老，“两处茫茫皆不见”，即使是保存还算完好的遗迹，出于上述种种原因，也很难分清哪些是“历史园林”，而哪些是大自然的杰作；更少见的一种情况是园林最初的意义被误解，就像我们很容易把南越王宫博物馆的现代绿化误认为应景之作。

在这方面，圆明园显然也是个能说明问题的例子，它如今成了民族感情的载体：“圆明园残迹不仅是帝国主义侵华罪行的历史见证，同时，也是清朝后期封建统治阶级腐朽无能、丧权辱国的痕迹。”[5]现在遗址上最引人注目的，反而只有镌刻着下垂式葡萄花纹的高大石券门，只是“远瀛观”的名字中蕴含的异国意趣早已不再，一切和满怀屈辱的中国近代史紧密相连。要知道，西洋楼所采用的优质汉白玉，其实也是典型的中国营造材料，现存的那部分圆明园既非易于朽坏的中国建筑，也不是纯正的西洋景观。

深埋地下的中式琉璃瓦、朽坏的柏木钉和破碎的青砖残片，连同“远瀛观”的废墟一道，共同为我们揭示了一种远为复杂的园林演变史。[6]

城与园

园林的兴废还有小大之别。我们已经看到的这些园林的变迁只是冰山一角，而中国园林赖以生存的整座城市与整个世界，才是园林意义的全部。水渠自何处引流？轩窗又对景哪里？卉木自本地还是异域输入？可曾有不期的访客叩响园门？南越国宫署的摩登邻居不会回答这些问题。同样的问题，如果不适用于雄心太大的上林苑，至少也可以问问开封的北宋遗迹，或者是北京现存的皇家园林。如果不能走到历史的深处，我们始终都会是一个园林的局外人。但是如果完全限于当事人单一的表述，空谷的回响也不会传入今日都市人的耳朵里。

这些问题的答案，也可能成为重述中国园林史的重要线索。有的园林史论家便认为，正是在中古时代，中国园林出现了对于“外部”的不同态度。[7]

一类是欢迎，至少是不抗拒。唐代诗人王维便是如此对待“辋川”的。在长安郊区的山中，他首创了把身家之外的自然风景纳入自己园林的做法。这种做法在后世有个好听的名字：“借景”。[8]

作为当时世界上首屈一指的大城市，长安和洛阳在唐代依然保持着浓郁的自然风貌，它们的都会园林也布局疏阔，富于野趣，“城上青山如屋里，东家流水入西邻”（王维《春日与裴迪过新昌里访吕逸人不遇》）。[9]如此，王维把他看到的都算作他能够享用的，也就不足为奇了。只不过在人迹罕见的青山中，这种“因借”

的意识本身，已经清晰地表明了个体“产权”的存在，并在自然和园林之间划清界限。奄有四海的汉武帝无从想象这种界限，因借，是有限对无限的因借，也是逐渐觉醒的“自我”和他者的微妙关系。在“属于王维的”那个辋川，他留下了很多彰显其兴趣的所在，以及提点后世园林主题的诗篇：

独坐幽篁里，弹琴复长啸。深林人不知，明月来相照。

——《竹里馆》

文杏裁为梁，香茅结为宇。不知栋里云，去作人间雨。

——《文杏馆》

其中并不一定都是有形的园林，有的不过是“眼前有景”。但是从无人的涧户移至乡村的茅舍，明月入户，坐看云雨，王维的山水已经不再纯是外物，而是人—景对峙的“有我之境”：[10]

北涉玄灞，清月映郭。夜登华子冈，辋水沦涟，与月上下。寒山远火，明灭林外。深巷寒犬，吠声如豹。村墟夜舂，复与疏钟相间。

——《山中与裴秀才迪书》

无须占有太多，也不一定要实地起什么垣墙，周遭都成了他的“园境”。千百年来人们试图按图索骥，去西安郊区的蓝田寻找王维的“辋川别业”。甚至我也这么走过一遭，但岂非徒劳？中国

西安唐华宾馆，作者摄于2009年

园林更好、更精确地体现了后来西方建筑师所说的“场所精神”：假使“场所”无边无际，必将失去自我；假如过于拘泥局部，又会失去寻找的乐趣。如果王维的诗句能够唤起人们对于“辋川别业”的回忆，定是因为它们把握了有和无的平衡，做到了以小见大，以少驭多。一缕香气，就可以闻见美人。

另一种园林则需向内寻找，从另一个方向，在有限的场所突出“精神”的作用。早在六朝时期，庾信的《小园赋》就强调了“一壶之中……有容身之地”的自在，到了中古时代的大都市，这种“壶中天”的空间原型，已经在新的政治和社会情势下发育成熟。对洛阳履道坊白居易宅园遗址的考古发掘，证实了后世为我们熟悉的“文人园林”所呈现的那些特征在中唐就已浮现：

十亩之宅，五亩之园。有水一池，有竹千竿。

——白居易《池上篇》

白居易们开始倡导的城市园林并不诉诸面积的广大，相反，要比此前见载的梁园、兔苑要小得多，条件也简陋不少，更无法和朱门大户的邻居相提并论。白居易在描述自己数易其居的诗文中，一再渲染其生活的窘迫：仕途坎坷，米珠薪桂……这一时期的大城市中，不乏以“山池”“林亭”“池沼”留名的宅院，[11]但人们最终记住的却是诗人的自况，是他赋予园林的文化哲学思想。

我们如今找到的白居易宅院大致的园林基址，是同时代考古发掘中能够辨别名姓的罕见例子。[12]其实，白家园宅的宽阔足以使现代人艳羡。通过诗人的描绘，我们可以想象白居易的住宅环境，四周黄尘喧嚣，“勿谓土狭，勿谓地偏”，尽管有文人的夸大，总体景象仍是自然、宜人的。他所抱怨的，无非是那个时代成功士人的标准，是外部环境带来的某种焦虑。经过这种历史的“折算”，而不是直接套用现代人的设计标准，园林才恰当地转化为诗人内心的风景。它固有“图谱”，但所援引看不见的“别处”又胜于自身。它当然也是现实、自然的，但同时又是有关幻想的。

也许，沿着这样的思路追索中国园林的历史，它就不再抽象，变得类似我们今日在茶山看到的那种活生生的东西。我们不可能，也没有必要完全复原白居易所激赏的风景。唐代城市残存的骨架，尤其是唐代文化的遗存，加上造园人的生平记录，一起证明着这种园林文化存在过的迹象。园林心绪是相对的，而不是绝对的，只对那个时代特别处境中的人才有最大意义。

司马相如口中无所不在的造物者，因此变成了一个具体的园林“主人”，甚至是比石崇还要个人化的园林的“能主之人”。他生活在某个明确的城市，空间有限，有特定的社会遭际，园林对他不再是庞大无边的财产之一，而是寄寓了更多感情的全部身家。白居易是中国古代最有名的文学家之一，他吟咏风景和人事的诗歌即使儿童也耳熟能详。但同时他又是一位官员，是现实政治生活中的角色。一则有关他的逸事，是负责选拔人才的官员拿“长安居大不易”来打趣他的名字。事实上，他进入权力中心很久仍倍感在帝都生活的压力，他的每次迁居（比如搬到长安的新昌坊）都对应着他个人仕途的起伏，而园林的经营成为他的精神消遣，这对应着他儒家人格的另外一面；他对园林的喜爱不再是庄园主人对自家领地出产果蔬的喜爱，园林并非实用的对象，它成了个人灵魂的一面镜子。

白居易或许能跻身历史上最早几位酷好园林石的文化名人之列。“归来未及问生涯，先问江南物在耶。”（《问江南物》）由外地返回洛阳，他念兹在兹、迫不及待检查的对象，是“青石笋”“白莲花”，这些奇石，也是中国园林史中最早有名姓的物件。虽然将自然赋予人格特征并不罕见，但这一次白居易打量的并不是真正的“自然”，古人常说人在天地间要“仰观俯察”，这一次，他毫

董文胜，小峥嵘，90cm×120cm，哈内姆勒硫化钡纸基，2009年

无疑问是在“俯察”。

于是，园林不再是将自然截取一部分直接拿来使用，相反，它成了自然的同构物，既带有上林仙苑的影子，又和园林石一样，是一件园主人可以充分把握的物品。在更早的初唐画家阎立本的《职贡图》上，就画有一人手托浅盆，其盆内的“山子”或许正是那个时代开始兴起奇石热的写照，“山子”作为贡品不只供案头清赏，可能还隐含着特殊的象征意义。它为接下来宋徽宗那件巨大的藏品——荟萃全国山川灵秀的“艮岳”，埋下了伏笔，后者虽然尺寸大大膨胀，本质上还是“假的”。

不管是作为“借景”的对象，还是化为盛放“山子”的浅盆，城市已成为园林如影随形的另一面，这是履道坊园林遗址给予我们的重大启示。虽然唐代洛阳的人口密度尚未达到近代大城市的标准，但其代表的中古的城市化和今天人们所说的“大都会”机制不乏联系，人类社会已经无所不在，充满烦恼而又无法逃遁的名利场，成为白居易等追求仕进的读书人的两难之地，在“入世”还是“出世”的选择中，混合着人工—自然的城市山林成了两者间的第三种选择。白居易口中十丈红尘里的小园，也是古代中国这一庄园经济盛行的农业国城市化过程中的机枢。

洛阳热闹的城坊中诞生了今日城市里也会有的社会学命题：“一起孤独”，这也就是宋人所说的“万人如海一身藏”。晚年尤其忧惧政治灾祸的白居易，还发明了“中隐”的说法：“大隐住朝市，小隐入丘樊。丘樊太冷落，朝市太嚣喧。不如作中隐，隐在留司官。似出复似处，非忙亦非闲。”

此后一千年里，中国园林的发展恰好呼应了白居易的理论。文人大多自命清高，且顾念富贵所致的忧患，但他们也清醒地认识到“贱即苦冻馁”，所以“穷通”与“丰约”无不需要合理的平衡。因此，后来知名的中国园林大多出现在经济繁盛之地，尤其是城市，否则它所仰求的物质和精神就无法获得有效供给；与此同时，发展到一定程度，园林亦需低调，它们维持着表面的拙朴，藏身于平庸的现实中，很多名园的命名，正寓意着这种谦卑、含蓄的姿态：“退思园”“拙政园”“愚园”“退谷”……个中已经很难再有那种放浪山水、纵身大化的狂放。从积极的意义而言，近代城市的价值，恰好在于其在个人化的生活和社会共同价值基础之间形成了张力。立身于城市的宅—园体现了这种价值，不在于其大小，而在于它进退之间的平衡。园林既是绝对精神的产物，又彰显了造园者从一开始便受制于外部环境的弱点。

刻意隐匿在围墙之后、视线之外，内向的园林是文人自己独享的“安乐窝”；[13]除非有巨大的灾变，它托身于烟火不绝的城市，貌似也不存在“死亡”的问题。可是，这样的园林却有个脆弱的“主人”，李格非忧虑的问题并没有消失。白居易的同时代人李德裕——另一位在宦海中沉浮的唐代名人，同样忧心他身后园林的命运：

鬻吾平泉者，非吾子孙也；以平泉一树一石与人者，非佳子弟也。吾百年后，为权势所夺，则以先人之命，泣而告之，此吾志也……唯岸为谷，谷为陵，然后已焉可也。

——李德裕《平泉山居诫子孙记》

无论李德裕个人多么珍爱平泉山居的木石，希望它们垂之后世，他都无法战胜决定着园林独特“生死”的轮回之道。从宝历二年（826年）在洛阳始建这座寄托他整个家族雅志的园林，到大中四年（850年）死于海南的谪所，李德裕大部分时间都奔波于仕途，山居建成后快十年他都不曾得见，此后四次“回家”，在此居住的时间最长也不过一年。当这座园林出现在他传世的平泉诗文中时，它更多的是一种供遥想、可追忆的对象，而非可以静赏的现境。正如后人讥讽的那样，私人园林能罗致如此规模的珍木奇石、土产异物，李德裕本人也未尝不是“威势之使人也”。[14]对名利和世务无休止的追逐，既为园林带来了初建时的繁盛，也埋下了它主人身后不可预知灾祸的祸根。

果然，李德裕死后不久，平泉山居的木石就在唐末的动乱中流落各处了。

也许园林本身并无生死，但是人事有代谢，因此没有人可以为它指定一个像建筑遗址那样能让后人辨识的、确定的“性状”。园林创建者消受的一切是美满但短暂的，“变化”反倒是园林最根本的特征。而对其最初面貌的执拗想象，后代人对这种面貌的持续扬弃，又构成了另外两种层面的园林。“中国园林”的历史情绪，正好摇摆在这三者之间。

苏州可园，作者摄于2014年

3

* * * * * *

发现苏州

我觉得苏州园林是我国各地园林的标本，
各地园林或多或少都受到苏州园林的影响。

——叶圣陶《苏州园林》

提起中国园林，人们首先会想起苏州，而不是长安或者洛阳。起码在一般人心目中是这样。苏州，一座距离上海不远、被誉为“东方威尼斯”的古城。今天它几乎成了“中国园林”的代名词，但其实它和后者牢牢联系在一起的时间并不算长。

1918年，美国建筑师亨利·墨菲（中文名“茂飞”）第一次来到苏州。他早年毕业于耶鲁大学建筑系，至少在20世纪初，他算是深度了解中国建筑的西方建筑师之一，后来还规划设计了一系列美国教会在华建立的大学“校园”。而这种“校园”，也是本书即将谈到的影响中国当代新样式的“中国园林”。那一年，茂飞第三次来中国处理他在上海的业务，从而有机会到苏州一游，虽然后来他的设计里也会出现“中国园林”，但此时他对本地最著名的游赏去处还未有什么感觉：

它是我所见的最中国的地方——景色如画的运河和中国小石桥横亘于城市中——它们被一座中国城墙所包围，一条护城河……苏州的街道是真正的中国，八英尺宽，挤满了簇拥的人群，他们彼此的脚步交错，从而不被那些快速移动着的轿子所撞到，他们看都不看这些轿子一眼……这使一个[西方]人感觉就像皇帝一样！[1]

对他而言，印象最深的依然是“人”，他首先注意到的依然是使西方人惊诧的中国城市的人口密度。毕竟，在当时来到中国的西方人眼中，东方本身就是种旖旎的风景，他们不需要也没有机会深入异国感性的更深处了。这段记载至少说明，对于那时的西方人，哪怕是像茂飞这样后来会和中国园林发生不期然纠葛的人，苏州园林都不算特别，更算不上“最中国”的城市里“最中国”的部分。很可能，他们也没有机会潜入苏州狭窄的曲巷，用摄影机捕捉到外人难以窥破的“壶中天”。

按说，即使不讨论它特别的设计手法，苏州作为一座典型的古城也大有可观之处。比如这里水系发达，迟至唐末，苏州已经是“人家尽枕河”了。园林理水手段中，并非没有人和环境相处的一般智慧，“在雨量较多的苏州一带，掘地开池还有利于园内排蓄雨水，并产生一定的调节气温、湿度和净化空气的作用，又为园中浇灌花木和防火提供了水源”。[2]

那么，这部“园林苏州”的历史是怎么开始，又是如何变形的呢?

园林之城

在中国园林这出历史大戏中，过去一千年的主角是“江南”。事实上，这部园林史也必然是一部区域经济发展史。从唐代开始，中国就仰赖东南一带的粮食出产，首都长安的名胜之一——灞河边的“广运潭”素以漕运的终点著名，而漕粮正是从苏杭一带运载而来。但是直到此时，苏州依然不特别以园林见称，无论白居易、李德裕还是宋徽宗，他们搜求珍木奇石的范围都涵盖了江南地区的各个城镇：除了不容小觑的金陵、镇江、扬州，还有靠近苏州的名邑常州、无锡、松江……不用说，在太湖以南，还包括了富庶的杭嘉湖平原，更是远至绍兴、宁波……而苏州不过是这个连绵的城市群中相对突出的一座“大城市”罢了。

五代十国时期，钱镠父子先后在此割据，建国“吴越”。钱氏统治期间战乱较少，到南宋灭亡前，江南已维持了数百年的繁荣，于是成为统治者予取予夺的对象。宋徽宗在苏杭设立应奉局，“士民家一石一木稍堪玩，即领健卒直入其家，用黄封表志，而未即取，护视微不谨，即被以大不恭罪。及发行，必彻屋抉墙而出”。[3]

苏州作为古吴国的都城，建城史可追溯至两三千年前，但是这只能算是苏州园林长得多的“前生”，而我们只能计较它们此名此姓的“今世”。花石纲时代的苏州才是苏州作为“园林之城”确凿无疑的开始。现存几个代表性的苏州园林，最早的始建年代也可追溯到这一时期，仅仅这点就已经大大超出了人们对现存明清时代园林的一般认知。[4]

正如上章开始所说，大多数时候，“(某一)园林始建于……”的真实性难以考据，无论园址、园主人还是园林的主题和布局都时常处于剧烈的变迁中，更不用说园林里的植物无时无刻不在生长。变化可能正是园林的题中之义。但苏州幸而是个古城，又被密如蛛网的自然水系所环绕，因此在过去的一千年里面貌相对稳定。大多数中国城市在宋代甚至明清之前几乎都没有详细准确的舆图，但苏州不同，从南宋的《平江图》到清代中叶的《姑苏城图》，它拥有多份古代城市地图，[5]这些地图格局清晰、细节宛然，可供今人参照，即使在中国地图史上也极为罕见。对比不同时代的地图，会发现城市水系和道路虽有更迭，但是大致脉络仍清楚连续，这就为我们追踪上一个千年的园林兴废，提供了最基本的参考系。

在南宋的《平江图》上，我们已经可以看到苏州大部分现存的园林基址与城市发展的关系——历史越悠久的园林，离城市中心越远。沧浪亭号称历史最为悠久的苏州园林，园址位于苏州古城南部的空置区和城市的交界。如果在城南东西侧的两个城门葑门、胥门之间画一条线，网师园在此线以北不远；连线以南，古来就以"南园"知名，同时也是城内主要的农地所在。如果在城北东西侧的娄门、阊门之间画一条线，以北的"北园"也是如此，在《平江图》上较多空白，而拙政园、狮子林等名园去此线南侧不远。从此往城中心去，园林的面积显著减少，保护现状也欠佳。由此看来，较早的园林依然保存着疏朗开阔的面貌，游离于城市的边缘，而晚近的园林愈发依附于城市自身的发展逻辑，在快速的产权更迭中难以维持固有的格局。

苏州现存的大型园林通常有着显赫的前生，它们或者隶属衙署、寺庙，或是背靠权倾一时的大人物，权属关系清楚，传承时利于"整存整取"。但是，易被忽视同时又在现代沦丧最甚的其实是那些更小的园林，它们有着更具体的归属、更个人化的意匠，变迁过程也更富苏州特色。苏州古城南北狭长，道路以东西向为主，住宅南北余地有限。因此，中小型住宅附属的园林往往分布

洪磊，《中国风景——苏州拙政园》，彩色摄影，60cm × 70cm，作者摄于1998年

在住宅东、西两侧，占地面积大多不及主体建筑的十分之一。例如，清光绪年间始建于王洗马巷的万宅，南北长约70米，总面积约2670平方米，但宅东南小园的面积仅300平方米左右；清同治年间由著名学者俞樾建于马医科巷的曲园，南北长约60米，总面积约3020平方米，但西北角的小园面积不足200平方米；装驾桥巷34号的残粒园，住宅之外的小园仅剩下140平方米。螺蛳壳里做道场的这些园林，无论受制还是受惠于有限的面积，都成了苏州独特城市历史的产物。总体而言，城市核心区细化后，无论是

面积的扩张还是产权的组分都受到了限制，内向型的园林理念适得其所。

在《平江图》上，沧浪亭的园址还是一片田亩，从此时到乾隆皇帝南巡，再到《姑苏城图》的诞生，五百年来，城市人口不断增加，土地与园林的产权几经变易，加上正常的城市变迁，使得城市平面的“颗粒”愈发细碎。在漫长的时间里，园林形态的丰富层次不足为奇，如果我们能够尽知这些小园的过往，细察园林易主与家族兴衰的人事，这些饶有兴味的故事就足够写一本大书，或者拍一部情节跌宕的百集连续剧。但我们首先要检视的是“最近五分钟”，也就是此刻站在这个观察位置的我们，何以理解某种大开大合的园林历史？很有可能，我们最感兴趣的“苏州园林”的样貌，本身就是这种历史演绎的结果。

在绵长的时间线上，苏州园林的近代史有个简单的分界点。本来到了号称盛世的乾隆中叶，苏州人口已经历了一次爆发式增长，但一百年后，太平天国运动爆发了。太平军于1860年攻占苏州之后，将拙政园的花园部分以及东部的潘宅和西部的汪宅等三处合并，改建为“忠王府”，直至1863年年底苏州为清朝军队复得，前后四年时间，“人间天堂”不复平静。

太平天国的统治者当然也要享用“天堂”的景致，以忠王府花园为代表的城内个别园林不减反增。据李鸿章后来写给弟弟李鹤章的家书所述，忠王府“琼楼玉宇，曲栏洞房，真如神仙窟宅”，“花园三四所，戏台两三座，平生所未见之境也”。尽管如此，战火几乎波及苏州城墙内外的所有园林。狮子林在战乱中倾颓。沧浪亭和涉园都毁于此次兵火，前者于同治十二年（1873年）重修，后者废址于1874年为沈秉成购得，重修后更名为“耦园”。艺圃在太平军入城后成为听王陈炳文的府邸。环秀山庄经咸同兵燹，颇有毁伤，于光绪中重修，光绪二十四年（1898年）秋再修。

苏州阊门外损失尤其惨重。除了留园一处，目前可见的城外“古迹”，大多都自那时起“清零重来”。[6]

一位清代的泰州诗人曾有诗道：“天下名园乱后稀。”对于劫后的江南人，李格非“园囿之兴废……盛衰之候也”的声音犹在耳畔，但这一次，园林兴废和城市命运的关系有了新的变化。苏州并未就此一蹶不振，相反，战后苏州在有限城市空间内的人口不降反增了，它加速了上述那种城市密度的增长，这种劲儿带来了新的机遇，一批原本避居在外（尤其是一百公里外华洋杂处的上海）的富豪、官员，现在陆续回到了苏州，无论这里是不是他们的故乡，他们都为这座城市的发展带来了新的经济增长点，以及看待园林的不同方式。[7]这就像一次长跑比赛，一个意外的干扰中止了比赛，但苏州在重新出发后调整了方向，不仅逐渐超越了其他竞争者，而且整个比赛的形势也因此变得愈加清晰起来。

江南园林内部原本就有竞争。最晚近也最著名的一个例子，是曾经和上海一样邻近（古代）长江入海口的扬州，在一千多年前白居易生活的时代，它甚至有过“扬一益二”的全国性美誉。又因为扬州位于京杭大运河边，毗邻古代的经济大动脉，它在太平天国运动兴起前一直保持着旺盛的商业活力。至少有两本重要的传世园林著作——明人计成的《园冶》和清人李斗的《扬州画舫录》，都和扬州直接相关。相较而言，那时有关苏州园林的专门论述还不算太多。

虽然计成来自苏州地区，但他的生平活动却多与扬州相关，苏州以外，扬州一度也是“人间天堂”。计成的《园冶》只是笼统而简要地谈论了建造园林的原则，而李斗的《扬州画舫录》则可算一本清代“盛世”江南的实录，为我们生动形象地记述了园林中丰饶而繁盛的生活。后者为我们提供了那些可以把抽象的园林历史变得鲜活起来的东西，那便是细节和感受：

茶、食、药、酒。

首饰、粉黛、画舫、灯船。

风筝、弄鸟、猴戏、相扑、杂技、博钱。

漆器、腌腊、鱼翅、淡菜、虾子、蟹羹、梨片、鲥鱼、班鱼肝、西施乳。

……

在历史上，苏州和扬州都颇富人物风流，不过尽管扬州园林的拥有者同样过着精细和优裕的生活，苏州人却不大看得上扬州园林。究其原因，扬州园林的主人或者赞助人大多是富商，而且以名声不好的安徽籍盐商居多。尽管苏州并非像文人想象的那样远离铜臭味，清代中后叶的扬州却实在打上了更多的“俗气”烙印。那时的扬州园林的确喜好标新立异，为此不惜从海外引入新

20世纪30年代苏州盘门城根，瑞光寺塔附近。民国明信片，私人收藏

的工艺和做法，比如铁艺门窗、彩色玻璃等，而如此的口味又反过来加剧了苏州人对扬州的鄙夷。确实，扬州园林生活里不时出现的诱惑和奇观，我们难以仅仅用“清雅”来形容：

扬州诗文之会，以马氏小玲珑山馆、程氏筱园及郑氏休园为最盛……请听曲，邀至一厅甚旧，有绿琉璃四。又选老乐工四人至，均没齿秃发，约八九十岁矣，各奏一曲而退。倏忽间命启屏门，门启则后二进皆楼，红灯千盏，男女乐各一部，俱十五六岁妙年也。[8]

“透视”层层深入，似乎正是园林主人得意之处。褪去“审美”的外衣，昨日的园林也有着今天的社会条件下难以尽察的趣味。用艺术史家巫鸿的话来说，这样的屏门后开启的可能是一种“女性空间”，它的眼光和欲望首先属于拥有权力者，而不是服务于权力者。在男性观者眼中，“女性空间”里的人物往往彼此孤立，存于各自的段落；一切观望，并非仅仅出于雅兴闲趣，它们发生在单向、不知所止又绵延不绝的游廊般的视野中，就好像明代画家仇英的《汉宫春晓图》一样。[9]

令人意味深长的是，逆转了太平天国之后苏州近代历史走向的，恰好也是曾经被苏州人口头上鄙夷的力量。在这一过程中，曾经的滨海城市扬州无可挽回地走向了衰落，而新的滨海城市上海就此崛起，旧日的漕运慢慢变得不再重要，呈弓背状将上海、南京乃至北京相连的江南铁路线，成了区域经济发展的新动脉。位于江北大运河河畔、被铁路绕过的扬州逐渐被遗忘，苏州左近的长江三角洲小城镇连同这座城市自己，都变成了最近发展起来的现代经济干线的重要环节。

这些貌似与园林风马牛不相及的大事件，带来的不只是园林“外部”的变化。

重新“测”“绘”

1912年成立的中华民国定都南京，这里位于苏州以南大约二百五十公里处，也在连接上海和北京的铁路线上，宁沪线上的旅行因此成了苏州人以及那些去新国都找工作的沪上来客日常生活中极为重要的一件事。但与上海不同，南京作为六朝古都和当时的全国中心，因为要履行现代国家中枢的各项功能，依然要寻求最能代表中国道统的象征空间，所以不像已经成为“故都”的北京，大部分旧时街市可以原封不动。在迫在眉睫的建设任务面前，上海—南京集中了当时中国对中西营建都有远见卓识的人才，包括一批刚刚从欧美学成归来的留学生，他们是中国第一代现代意义上的“建筑师”。

苏州尽管在当时已经有了自己的火车站，但却是这一中西交会之路上不太重要的一站。[10]它在经济上更接近上海，基于原本就很强劲的经济潜力，这一地区日益富集的大量新兴民族产业，让苏州—无锡—常州成了上海的农庄和乡村工场。除此之外，它的意义还有待重新发现，不限于旧日的园林，整个苏州地区都变成了南京—上海的后花园，既供新兴的大都市居民偶然消闲，也为现代城市中那些地位显赫的人提供退居之所或是家族建立基业之地。狮子林就曾是贝氏家族的私产，后来成为世界知名建筑师的贝聿铭，还在这里度过了一段美好的童年时光。

苏州园林，就是在这个时期被重新“发现”的。

活跃在长江三角洲的西方传教士以及那些经他们介绍偶然路过苏州的海外来客，比如茂飞，是以外来者的眼光关注或者忽略苏州园林的。很显然，那时的苏州园林即使对中国人自己也没什么现实用处，哪怕最大的旧式园林也不大符合新城市公共空间的要求，苏州城内第一所像样的大学——东吴大学，没有规划一座小巧的花园，却建起了西式的教堂和宽大的草坪。[11]但是外来者（即使是外行）的兴趣依然至关重要，首先是“Chinese Garden”这一事物的独立出现。苏州人自己，恐怕从来没有从这个角度想过他们的后院，它和其他的城市功能浑然一体，是住宅—园林，是园—居、园—邸、园—馆、园—署、园—圃，而不是可以割裂出来的局部。

部分苏州园林很早就开始向公众开放，这使其空间性质在新时代有了质的改变：

上月二十四号为本校旅行之期……同学咸集，乃振铃排队，步伐有章，鱼贯而出胥门，登舟，解缆至娄门。沿途风景历历在目。泊舟而上，行里许，即至拙政园……广可十数亩。流览其间，不觉顿生天然之幽趣……[12]

园林开放的条件不一，但导致的结果大致相同——园林的“主人”消失了：资不抵债、失去主人的被移交给城市管理部门；原来只供熟人居住的，现在不仅有了不期而至的游客，还有了严格控制的关门时间。[13]不一定要有什么大的实质更动，使用性质上的“博物馆化”已经是园林巨变的重要一步：一种颐养性情的个人生活方式，从此转化为文明的寄托，进入了公众的视野。因此，解释、重构乃至使用园林的技艺也有了方法论上的不同。

苏州园林在这个意义上的（再）发现，首先显现于摄影（俗称“西洋镜”）中。已经无法确定中国园林的第一张照片拍摄于何时，但我尤其喜爱一位无名摄影师镜头下的画面，园亭像是岭南一带的风格，但不妨碍以之说明“园林摄影”在近代的一般意义。首先，拍摄者已经走进了园林主人的家中——以前绝对的“私人”领域，现在或多或少征得了园主人的同意。画面中两位与摄影者隔水相望的主人公，不知道是否就是园林的实际拥有者，他们眼神中流露出的既非抗拒，也谈不上真正的自在。他们诧异的神情，或许正来自（西方的？）摄影师本人。第一次，中国园林被纳入了栩栩如生的摄影画面，就像是变成了博物馆的一个展厅。一方面，在茂飞们眼中，被拍摄者自己也成了风景；另一方面，中国园林近在眼前，而不再仅仅是充满魅惑、只能想象或回忆的空间了。

在此前的园林图绘之中，你断然看不到这样直率的表达。相反，由于融入了强烈的时间因素，对园林的视觉记录不得不采取一种混合视角，既有正面的（包括第一印象），也有侧面的以及一种在长时间体验中获致的立体观感。迟至太平天国后的清末，麟庆所撰、画家汪英福等绘的《鸿雪因缘图记》还保留了这种传统，其中记录“寄畅攀香”“兰亭寻胜”的园林画记也正像作者平生的“画传”。[14]一方面，这种方法使你从总体上了解一个地方、一段人生；另一方面，它又会造成认知的含混，因为画面和现实往往不大相称。假如能够拆开其中隐藏的多个画面，或者将其重新进行富有意义的组织，不仅不会造成混乱，反而会真正“引人入胜”；

佚名摄影师镜头下的园林主人（完整图片见扉页对开图），photograph courtesy of Throckmorton Fine Art Gallery in New York City

但这需要解读的人对作者的意图有所了解，精通作者使用的视觉再现技术，并且对此景此境怀有“共情”。

实质意义上的突破也正是由此开始。20世纪30年代，童寯——一位接受过宾夕法尼亚大学“布杂”建筑教育的中国建筑师——开始系统地利用西方式样的建筑图来检视苏州园林的意义。[15]

童寯是北方人，生长在清末民初的奉天（今沈阳），他的成长经历中并没有太多接触江南园林的机会。也许是命运使然，1931年的“九一八”事变让童寯无法在故乡他最初任教的东北大学待下去，他后来移居南京，并在上海从事建筑设计工作，从而有了很多在苏州车站下车的机会。“或一游再三来，或盘桓不能去。杂考志乘野史笔记诸书，其有姓氏沿革可按者，证之传闻，记其约略”。这本《江南园林志》的重要性在于，它强调用新的记录和表达手段来重新认识苏州园林：

记园林者……多重文字而忽图画。近人间有摄影介绍，而独少研究园林之平面布置者。昔人绘图，经营位置，全重主观。谓之为园林，无宁称为山水画。抑园林妙处，亦决非一幅平面图所能详尽。盖楼台高下，花木掩映，均有赖于透视。若掇山则虽峰峦可画，而路径盘环，洞壑曲折，游者迷途，摹描无术，自非身临其境，不足以穷其妙矣。[16]

除了照片，童寯的书中还附有每个园林的平面图，以及对于园林历史和设计意图的大致梳理。虽然他的独自踏勘还谈不上真正精确的测绘，而他文白掺杂的叙述一时也让人难辨新旧，但童寯的这段文字无疑显示了他在宾夕法尼亚大学接受训练的意义。童寯已经意识到“抑园林妙处，亦决非一幅平面图所能详尽”，他搁置了园林就是一幅立体山水画的文人观念，既试图学习传统的眼光，又希望从中剥离出更本质、更客观的人与园林环境的关系，同时还与现代建筑学中理性、结构性的认知相结合。他绝非提倡漠视传统，因为园林本身就是传统生活的容器，借由整理国故，他已经在向本土的营造传统致敬；他并未鼓吹以技术驾驭感受，以抽象替代实地，要知道建筑师自己就是一位孜孜不倦的出色水

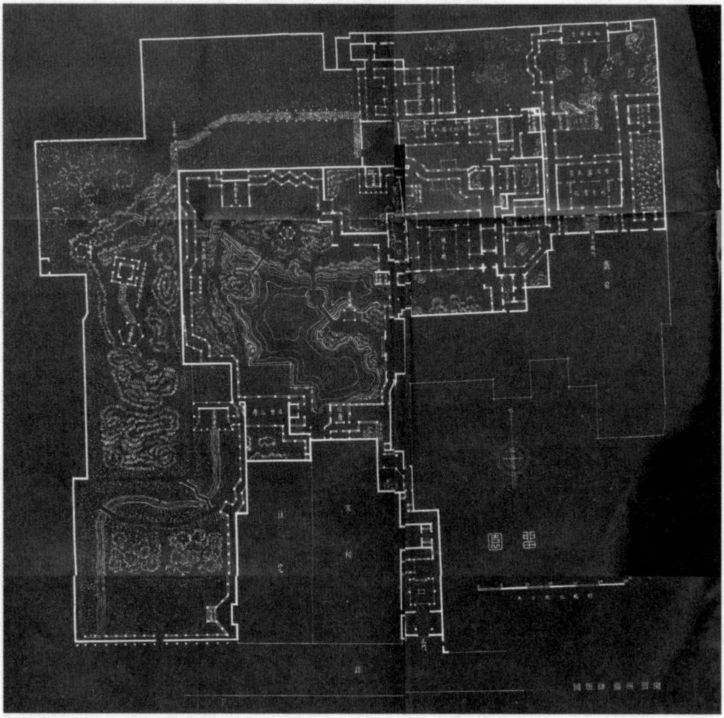

留园平面图

彩画家，江南名园常出现在他的画中，并以此滋养其设计实践。

然而，一旦新的视野搭配上西洋工具，它就必然带来对于园林的不同“看法”，或者换种更古雅的说法：“观法”。

于是，站在中国园林的“第一张”照片面前回望，观者与“中国园林”之间，一定也隔着一段时光或者两种文明的距离。

前往西洋学习建筑的第一批中国留学生，大多怀抱着救国图强的实用目的，他们暂时放弃了这个领域长期存在的“道”“器”之争，在渲染祖国的未来图景时，他们大概未及注意，水彩画笔和传统工具本身就可以承载一种空间文化。无论自觉与否，童寯都扮演了一个具有中国本位的建筑界先驱的角色，言辞不必十分激烈，只需以他已经转变的视角“看到”，这种建筑学就在前行之中了。他的孙子、先后任教于同济大学和东南大学的童明教授，就是鼓吹这种“园林观法”的一位重要建筑学者，接下来，我们将会讲到他们在21世纪重提的“中国园林”。

比绘画争议更少、影响却更大的记录园林的方式，还是摄影与测绘等貌似中性、纯粹技术性的建筑学手段。大多数中国园林的当代研究者，正是凭借种种新的技术手段，于实际工作的潜移默化中既认识了传统，又切实改变了对它的“看法”——“测”“绘”既各具含义，又不能不绑在一起，正可谓“目击道存”。

几乎所有具备这种敏感的建筑学者都乐于到江南一游。这种现象大抵与这一地区蓬勃的近代建筑实践有关，就像童寯一样，很多学成归国或接受过现代建筑教育的中国建筑师都生活在这一地区，有着在苏州辗转的便利。但到了后来，对园林的研究就成了新中国建筑学科的任务，在西风压倒东风的这个领域内，以西方技术重新解读民族遗产已经不再是哪一位建筑师和建筑教育者的个人兴趣。

比如中国古代建筑史学科开创者之一的刘敦桢，就在当时的南京工学院（今东南大学）系统地开展了对整个江南地区古典园林的调查。1953年，他组织南京工学院与华东工业建筑设计院合办中国建筑研究室，对苏州园林进行普查。随后，他又领导南京工学院建筑系原历史教研组，以及原建筑工程部建筑科学研究院建筑理论与历史研究室南京分室，对苏州的重点园林做了进一步的调查研究和系统测绘。1960年，他主持完成了研究的初稿，最终整理为我们今天看到的《苏州古典园林》一书。童寯未及完成但又是在该书中最终确立的，就是有代表性的15座园林的平面—立面—剖面图纸。这些图纸覆盖的园域从4万余平方米到140平方米不等，大到垣墙限止和内部布局，小到家具样式与花木品种，都在图纸中有所体现。“全知”的图纸既是精确的，又给人一种身临其境的错觉：看着这些图纸，就好像走进了一个电影拍摄现场，其中所有的房屋和园庭，都可以从剖面的一侧自由出入，使读者从中获致对于整个空间的整体印象。而于古典园林原境中的人们而言，这是难以想象的。[17]

与此同时，北方对江南园林情有独钟的人也不在少数，杨鸿勋就是其中之一。梁思成是中国现代建筑学最重要的开创者之一，曾长期在清华大学任教，杨鸿勋担任过他的助手，而后又写出了《江南园林论》。在该书前言中，杨鸿勋回忆，几乎是在东南大学组织编写《苏州古典园林》同时，他也形成了比较详细的写作江南园林的提纲。两书在客观描绘、陈述园林基本面貌方面大同小异，但值得注意的是，《苏州古典园林》的行文依然带有童寯

《江南园林志》的简约特征。在当地研究者眼中，江南园林除了可“证其传闻，记其约略”之外，不妨还是他们日常的审美对象，尽管书中附有的黑白照片与插图本身已经堪称“作品”，但其更深远的意义却隐含在该书的体例和表达之中。比较而言，以北京为基地的建筑论家却把视线转移到了整个中国园林体系和创作理论的建构上，“图”是为了“论”，是为了看清设计者的视角。在杨鸿勋这本稍后完成的书中，很多插图都由作者个人手绘，隐约显示出一种诞生不久的新观点正在急速走向“成熟”。

童寯写出《江南园林志》半个世纪后，周维权的《中国古典园林史》成为大学通行的教材。有趣的是，中国古代建筑史初创时以唐宋为盛期，明清为走向没落的时期，但园林史的分期却大有不同，在认同中古为盛期的前提下，明清最好称为江南一枝独秀的“高潮”。[18]中国园林史的撰写者所面对的，是一个“并非一成不变，且自有其轨迹可寻”的“源远流长，博大精深”的园林体系，尽管作者本人承认自己难以驾驭这个体系，但他坚持不必“将目光局限在现存的看得见的实物而陷于以一管欲窥全豹的偏颇”，[19]力图调和阔大气象与精致内敛之间的差异，各美其美。与此同时，垂暮之年的童寯却依然聚焦他早年关注的主题，他以确定的语气写道：“论及中国东南园墅，苏州园林实为中国传统景观艺术之最，已成普遍共识。”[20]

至少就我们可以看到的各种实例而言，园林实践中这种南与北、大和小的微妙关系由来已久。要知道，苏州之外的“中国园林”并非没有其他可能性，但是“中国”和“苏州”的渊源确实是“现存、(更)看得见”的历史。北方园林以北京周边的皇家园林为代表，而参与营造这些皇家园林的南方人至少可以追溯到苏州的“香山帮”，也就是吴县香山一带的苏州匠人。更不用说历代的北方帝王都孜孜不倦地从江南的风景里寻求灵感，不仅将江南的景观复制到他首都的园林里，甚至还直接取来南方的珍木奇石作为营建园林的材料。扬州作为园林城市的地位也是这么取得的，隋炀帝开凿大运河之后驾幸扬州与乾隆六次下江南的故事背后，还藏着一部中国古代的政治经济史。在1949年之后成熟起来的中国古典园林研究这一学科也概莫能外。

当政治经济的地理格局发生改变时，当代的中国园林就拥有了更广阔的舞台。比如在华南，同样是在中西两种文化熏陶下成长起来的一代，毕业于柏林夏洛特堡大学的归国建筑师夏昌世，便在童寯致力于东南园墅的同时发掘了“岭南园林”的传统。虽然夏昌世当时尚不知道南越国园林的存在，但他依然成功在现代设计中播下了地域园林风格的种子。植被葱茏、适应亚热带气候的“岭南园林”，很可能和白天鹅宾馆，甚至和茶山以及南越国宫署的现代景观关系更近，它们关系的拉近并不是发生在建筑师一意孤行的设计室里，而是源自日常经济需求的暗涌。

如果以上这些在很大程度上还只是为大学建筑系所知，那么与此同时，专业学院之外发生了更广为人知的改变。在少数迅速采纳西方教学体系的中国大学建筑系里，确实还有着一些与僵化的现代教条绝缘，能够以直觉理解传统园林兴味的人，或者引用历史学家陈寅恪的话，可称其“为此文化所化之人”。他未必有过西方建筑学的正式训练，也从不把园林仅仅当成自己的研究对象；他甚至不像童寯那样倚重水彩画的表现，他懂书法，会画中国画，还配以古雅的文字，写下了《说园》一书。这个人，就是上海同济大学的园林教授陈从周。

陈从周的名字无疑已和当代的园林研究紧密联系在一起，这一点无人企及。但他的读者毕竟还是以学院中人为多，如果说有哪一篇文章能比陈从周的《说园》影响力还大，那必然是陈从周的朋友叶圣陶所作的《苏州园林》。对很多当代中国人而言，这可能是他们一生中唯一一篇用心读过的关于园林的文章。

叶圣陶也是苏州人，但他首先是一位著名的现代文学家和教育家。这篇文章最初作于1979年，原是叶圣陶为一本苏州园林画册写的序，他在写作时还参阅了陈从周的《苏州园林》。1982年，这篇文章首次出现在人民教育出版社编行的中学语文课本中，原题《拙政诸园寄深眷——谈苏州园林》也正式更名为《苏州园林》。

我们在讨论空间艺术时，往往容易忽略建筑论著对建筑的重新阐释。不要忘了，那还是在文字盖过图像成为最直接、最基本传播手段的年代，而在一个人的世界观形成初期，文学阅读的作用虽然了无痕迹，却往往是压倒性的。叶圣陶尤其重视用阅读培养中小学生的思维方式：“读课文当然受到种种教育，得到种种知识，同时也从课文受到思考之训练……思想必然有一条路径，一步步进展……教的时候如果给学生指点清楚……其思考习惯即于无形中受到影响。”[21]他的作品大量入选中学语文课本绝非偶然，它们不仅介绍某些专门知识，而且有意带领小读者追随他对特定主题的“看法”。直至现在，作为“准确、精练、优美”的“纸上园林”，这篇《苏州园林》依然在无以计数的中学生走入建筑学院之前无声地启蒙着他们。

和童寯一样，叶圣陶对于苏州园林的评价也是论定式的：

……似乎设计者和匠师们一致追求的是：务必使游览者无论站在哪个点上，眼前总是一幅完美的图画……总之，一切都要为构成完美的图画而存在，决不容许有欠美伤美的败笔。他们唯愿游览者得到“如在画图中”的美感，而他们的成绩实现了他们的愿望，游览者来到园里，没有一个不心里想着口头说着“如在画图中”的。[22]

“无论站在哪个点上”都能获致的“完美的图画”肯定不是一般的图画，但是这道理并不简单，中学生很难参破其中的玄机。从20世纪30年代童寯对传统山水画的质疑，他看园林“决非一幅平面图所能详尽”的现代眼光，到叶圣陶歌咏的“唯愿游览者得到‘如在画图中’的美感”的工匠精神，一切貌似又回到了原地。事实上，差不多在这篇文章面世时，相信“苏州园林实为中国传统景观艺术之最”的童寯和推崇“苏州园林是我国各地园林的标本”的叶圣陶，其共同之处仍大于他们的分歧。

他们相信，秘密无须外求，而答案就在他们身后的文化遗产之中。

别样的眼光

我们其实有理由认为，中国园林中的某些形式元素并不截然是“中国”的，中西方的造园实践很可能早就有了“交互影响”的复杂局面，比如让很多西方人着迷的月亮门以及园林中以卵石铺砌成的各种花样。[23]但这些并不要紧，要紧的是可以承传的文化基因，或者一种能动地适应外部变化的惯性。当一粒外来的种子遇到合适的土壤，就随着成长和土壤合为了一体。就像圆明园的“西洋楼”如果脱离中国语境，很可能被误认为是随便什么地方的一座西方园林，但事实上，它的趣味只有中国人才能懂得。

至少从20世纪以来，“中国园林”不再只是自我演化，它还确定无疑地是一种双向交流。这个交流的起点可以追溯到地理大发现时期。巧合的是，这也是“上个五分钟”当代人的园林记忆所能抵达的最远处，再远的地方就缺乏实证了。对于欧洲人而言，从那时起中国不再是一个神话，中国园林逐渐为外人所知。与此同时，葡萄牙人和西班牙人带来的欧洲装饰艺术，改头换面潜入了中国的躯体，中国皇帝也在中国园林中植入了西方园林的享乐因子。

然而，一旦叶圣陶的文章写毕，中国就被盖棺定论，成了一种有限制的身份。一方面，20世纪西方对中国人生活的影响已经无处不在；另一方面，民族情感又使得事关中国的议题必须有真正的本位。双向的强势必然导致一种普遍的“废墟”状况：那些既不纯然属于西式，又很难称得上地道古典风格的“混血”中国园林，或许印证了英国诗人拉迪亚德·吉普林的诗句：“在最初一方征服另一方，另一方在恐惧和绝望中无条件倾倒之后，东方和西方又进入了彼此对抗、无法理解的境地。”类似西洋楼远瀛观那样无法“消化”的外来因素，如果不是因为特殊的际遇，很难成为新时代的文化理想。

可是，就像日益走向现代化的其他中国城市一样，苏州绝不可能只是一座园林城市。早在1997年苏州古典园林成为世界遗产之前，这种融合古今兼顾“体”“用”的艰难努力已经搁浅很久，苏州古城一眼望去也很“摩登”，城中大部分建筑其实都是和古代营造毫无关联的现代房屋，它们至多顶着一个中式传统的屋顶，而星星点点、新旧程度不一的古典园林，则淹没在“现代”的汪洋大海中。这就好像一尊古代雕塑历尽沧桑的脸，醒过味时，除了鼻尖，整副面孔的其他部分都已模糊不清了。至于你在街巷中看到的那些园林风格的公共汽车停靠站，不过是事后的补救，好让点和面的撕裂看上去显得自然一点儿而已。

换一个角度来看，虽然消失的古迹令人痛惋，但文明肌体在生存本能驱使下的“借鉴”和“突变”，可能是比近代涌现的“历史保护”更普遍也更自然的现象——又是园林司空见惯的“变化”。早在南越国宫署的时代，中华文明已经成为一个难以分割的整体，否则北方王朝的影响就不会远及亚热带：人们看到，长安园林所引用的海洋象征取自最东部的东莱郡，而丝绸之路西线的敦煌依然和中原保持着共同的想象。在那个时代，大多数人并不会频繁地在广袤的疆土上迁徙，文明共同体首先出自心理上的同构，再将注定千差万别的本地生活经验整合进这种同构中，产生了这种空间与时间的经纬。由此，“和而不同”的中国园林的出现也才成为可能。

另外一种并行的历史与此相似。在地球另一侧，“中国园林”的接受随着西方世界最早的中国热，经历了几次起伏。最初，在从未直接和中国打过交道的欧洲人（如文化巨匠伏尔泰）看来，“中国”所代表的一切都是理想化的。用法国权威批评家艾田蒲的话说：“与其是中国现实，毋宁说是‘中国幻景’或我称之为中国神话的东西。”[24]这种“幻景”解释了为什么虚无缥缈的“中国园林”最能代表神话一般的中国。

在经过实际接触得到片断的中国印象之后，那些返回西方的人为他们的同胞描绘了不同以往的“中国园林”：异国情调中混杂着浪漫与怪异。威廉·钱伯斯将“中国”的特征形容为“愉悦、恐惧和着魔”[25]，伊丽莎白·巴洛·罗杰斯则进一步解释说，那个时期想象中的中国园林意味着“献祭给怪力乱神的寺庙、岩间的深穴、直通地下人间的梯道，长满了灌木和荆棘，附近是镌刻着可哀的悲剧事件的石柱，各色使人作呕的残酷勾当、前朝的盗匪和违法乱行者流窜其间……”[26]这也是塞缪尔·泰勒·柯勒律治——比钱伯斯稍晚一代——提到的来自未知东方的“神圣的恐惧”，这种陌生的东方风景不仅是异国的图像，也是整个未经探索的“自然”在西方文化中的象征，换句话说，中国人驯服的“园林”在他们眼中就是更博大的异国“景观”的一部分。

写进建筑史和园林史的这种“中国风”（又名“华风”）[27]，绝不能简单且欣然自得地理解为“中国园林对于欧洲文化的影响”，相反，它是一种有意的误解，和启蒙时期其他关于中国的想象不尽相同。在东西方文化交流初期，不仅仅是西方人才有这种对于文明中“他者”的误解，中国人自己也经常沉醉于对异国的想象中，罗杰斯就说道，带有洛可可风味的欧洲古典主义园林就是中国那些皇家园林赞助人的专好，相较于“中国风”，这种风格可以称为“法风”。[28]当然，比起圆明园一隅的西洋楼在中国发生的影响，洛可可风味的中国在欧洲园林中留下的痕迹要显著得多，但它们受欢迎的方式非常雷同，体现的都是人在面对异趣时流露出的普遍人性。

无论“华风”还是“法风”，“东洋景”还是“西洋景”，如果仅仅用道德堕落一词来概括，只能是以肤浅应对肤浅。园林之“景”中蕴含的好奇，正是当代“景观”之“观”[29]的部分趣味所在，当代文化中范围更广的风景研究和古典园林之趣，没准因此可以有更自然的衔接，它也很好地解释了“如画”这样一种现象的持久出现，这个概念同时适用于两种风景园林传统，同时也可以用来解释它们之间的相遇。[30]

中国城市原不缺“如诗如画”的过去。古代文学艺术描写中也历来重“景观”而轻“市井”，典型的现象是人们常把城市描绘成乡村的模样，有意忽视人造环境，却不惜强调、夸大城市的自然风景，城市的实质甚至因此被隐没。这样，一个欧洲殖民者初次抵达中国时，如果他选择忽略东西方存在的巨大文明差异，只在港口停下来观察东方的表象，那么他所看到的只会是生动的自然、了无生气的人民，整个城市都是消极的风景。20世纪美国建筑师茂飞看到的依然如此。这也是上一章中，那张难得有实质“面部表情”的园林照片的价值。

我们上面提到的那张照片如此不同。在有限的园林之中，“我们”和“他们”分明看到了彼此。

那些久居中国的外国人认识到了这一点，并且学着像中国人一样欣赏他们所看到的风景，但并不都能忘情其中。很显然，既然园林是某种精神产品，那么处于持续衰败中的末代王朝的中国文化，也未必能结出什么让人惊艳的果实。它们有一种属于过去的凄凉的美，但这种美又每每在残酷的现实面前瑟瑟发抖：

> 我们在北京的园子度过几个月后，格外欣喜地意识到这其实是20世纪——我们还嫌不够，想尽快进入21世纪？不大想。因为此地有好些静谧的旧时逸乐（sedate old-world enjoyment），在大槐树的树影下，对着北京城大黑鸦的鸦啼。但是其中又掺杂了多少可以避免的悲哀和摧折？[31]

“庚子事变”之后，北京被八国联军占领，对于20世纪的中国园林而言，这是一个不祥的开始，而立德夫人《我的北京花园》一书就写于此时。在当时的欧洲文学中，流行着一种“旅行+训诫”的写作模式，其中涉及的异国风景，不管是印度、非洲，还是远东，对一个人的心智成长都不无裨益，但是这种对于异国风景的观照，又只能出于主人公的自我教育，和当地的语境并无必然关系。一旦情节转折，这些风景中还可能隐藏着意想不到的外来灾祸。这种危机和园林带来的美好并存，正如雪莱的诗句所写到的那样：

别揭开这画帷：呵，人们就管这
叫作生活，虽然它画的没有真像；
它只是以随便涂抹的彩色
仿制我们意愿的事物——而希望
和恐惧，双生的宿命，在后面藏躲，
给幽深的穴中不断编织着幻相。
……[32]

这种典型的东方主义情绪无益于“中国园林”在现代的成长。直到茂飞和那些打算在现实中的中国新建世外桃源的人出现，这种消极的“看与被看”的模式才被改变。耐人寻味的是，尽管去过苏州，但他们理解“中国园林”的起点却不在这里。

茂飞于1919年接手燕京大学新校址的设计工作。燕京大学是

燕京大学学生毕业照，来源于耶鲁大学神学院藏燕京大学档案

茂飞为燕京大学校园所做规划中未能实现的斯克拉顿–路思湖心岛方案，拼贴了当时对于西方人还很新鲜的若干“中国园林”。见载于《北京通讯》

美国与英国四个教会联合在中国筹建的一所基督教大学，校址位于今天北京的海淀。茂飞的设计经过多次讨论和大量修改后最终得以实施，部分项目于1926年竣工并投入使用。茂飞此前也规划设计了清华大学最早的西式校园，他设计的燕京大学在当时引起众多关注，不仅是由于他出人意料地选择了一种有现代功能的“中国式”建筑，还因为这一次“校”中有“园”。他关于燕京大学的平面设计图受到起初在这块土地上被忽视的明清园林群的启发，茂飞进而将这些建筑组织在“中国化”的景观里，同时也让它们变成了一座“如画”的园林。

即使所有权已经变更，今天北京大学的校园仍以“燕园”（字面解释为燕京大学的花园）知名。[33]值得注意的是，此前汉语中甚至没有“校园”这种说法，这种命名将一项崭新的现代化事业与校址的兴盛历史，以及传统的中国园林文化联系在一起。[34]

类似南越国宫署在不同意义上的三座“园林”，人们也许会在“燕园”这个说法里找到类似的层次。首先，今天看到校园的人都会联想起中国园林，即使设计它的美国建筑师在接受燕大的委任前实际只来过中国一次，前后待了不足两个月。校内最易“识别”为中国园林的地方环绕着一个小湖——未名湖，湖畔点缀着旧园林遗留的“中国式”的房屋、曲径、假山、石雕、石舫和石碑，还有一座十三层密檐式的宝塔，但这实际是座具有现代功能的自来水塔。

有园林，同时又有“中国”风味，可不就是“中国园林”吗？

燕京大学购买的新校址确实是个荒废已久的明清园林故地，最早可以追溯至明朝著名官员和书画家米万钟1612年至1613年在校址西部建造的勺园（又名米园），这里后来又成了圆明园的一部分。[35]可是，最初的设计里，外国建筑师并未考虑这座历史纷杂的废园，他根本不会去读李格非的文章，理解不了类似的废墟能唤起中国人怎样浓烈的情感。同时，你只要看看校园其他部分的布局就会懂得，有些建筑貌似有中国特色，实则是作为一个美式大学规划，沿东西或南北轴线对称、合院式但又比中式合院大得多的建筑群落，拥有草坪、喷泉、池塘、笔直的水泥路形成的几何图案……

但造园者不在意何为“中国园林”。比起被现代人错认的中国古典园林，或者实际湮没无闻的古代废园，在另一个层面上营建当代“中国园林”的努力才是更重要的。作为西方教会在近代中国建立的最大的大学，燕京大学的校园中渗透着中国园林的类似思想：它以前是富含历史意义的私人游乐场所，现在又加入了公共使用的尺度，既对应着传统中国士人的精神世界，又为古代中国所未见的现代智识群体的成长服务，既亲密、优雅，又在积极的使用中注满了园林所能有的文化趣味，“校园”极大地更新了“中国园林”的定义，实际上也拯救了北京西郊沉沦中的园林记忆。

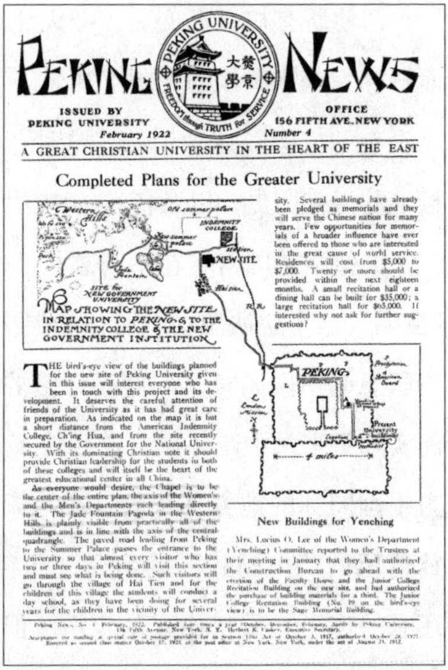

PEKING NEWS

PEKING UNIVERSITY 燕京大學 FREEDOM through TRUTH for SERVICE

ISSUED BY PEKING UNIVERSITY

February 1922

OFFICE 156 FIFTH AVE., NEW YORK

Number 4

A GREAT CHRISTIAN UNIVERSITY IN THE HEART OF THE EAST

Completed Plans for the Greater University

MAP SHOWING THE NEW SITE IN RELATION TO PEKING & TO THE INDEMNITY COLLEGE & THE NEW GOVERNMENT INSTITUTION

THE bird's-eye view of the buildings planned for the new site of Peking University given in this issue will interest everyone who has been in touch with this project and its development. It deserves the careful attention of friends of the University as it has had great care in preparation. As indicated on the map it is but a short distance from the American Indemnity College, Ch'ing Hua, and from the site recently secured by the Government for the National University. With its dominating Christian note it should provide Christian leadership for the students in both of these colleges and will itself be the heart of the greatest educational center in all China.

As everyone would desire, the Chapel is to be the center of the entire plan, the axis of the Women's and the Men's Departments each leading directly to it. The Jade Fountain Pagoda in the Western Hills is plainly visible from practically all of the buildings and is in line with the axis of the central quadrangle. The paved road leading from Peking to the Summer Palace passes the entrance to the University so that almost every visitor who has two or three days in Peking will visit this section and must see what is being done. Such visitors will go through the village of Hai Tien and for the children of this village the students will conduct a day school, as they have been doing for several years for the children in the vicinity of the University. Several buildings have already been pledged as memorials and they will serve the Chinese nation for many years. Few opportunities for memorials of a broader influence have ever been offered to those who are interested in the great cause of world service. Residences will cost from $5,000 to $7,000. Twenty or more should be provided within the next eighteen months. A small recitation hall or a dining hall can be built for $35,000; a large recitation hall for $65,000. If interested why not ask for further suggestions?

New Buildings for Yenching

Mrs. Lucius O. Lee of the Women's Department (Yenching) Committee reported to the Trustees at their meeting in January that they had authorized the Construction Bureau to go ahead with the erection of the Faculty House and the Junior College Recitation Building on the new site, and had authorized the purchase of building materials for a third. The Junior College Recitation Building (No. 19 on the bird's-eye view) is to be the Sage Memorial Building.

1922年2月印行的《北京通讯》所刊燕京大学新校址和北京旧城的空间关系

如今，燕园之“园”不仅代指北大，实际上也与中国的“大学”这一概念同义，因为西方大学往往有校但无“园”。[36]这个成就是其他类似的近代建筑设计所不曾达到的。显然，与功能—形式的二元论无关，燕园作为“校园”不再是一种风格样式的化石，也不是传统中国园林功能上的局部改良。事实上，面对各种各样的现实问题，燕大的营造者们不像理论家或者专业人员想得那么多，他们的“校园”更像一个社会、文化等多方协商妥协的结果，而不是任何一名设计师（包括茂飞）手下一蹴而就的艺术品。在普遍的折中主义气氛中，身处传统和现代发生冲突的时代，燕大校址上模糊的历史形象、荒废的现实，宽容的教会大学当局，再加上不甚拘泥的中国人自己——他们能够接受一种不那么纯粹的“中国”，反而使得“燕园”之趣最终从内到外更像一个中国园林。

在这群协力造园的中国人中就有苏州人贝寿同，他是后来去了美国的建筑师贝聿铭的叔祖。作为更早一批留洋归来的建筑师，当燕京大学找他为校园的色彩设计提供专业意见时，他的意见并未明确显示出苏州园林的影响。[37]

“中国园林”证明了它可以是一个开放的话题。在“燕园”中，围绕着有待定义的旧文化和新领域，中美两国的现代建筑师看到了将传统的中国建筑加以改造使其更适合近代生活的希望，迷恋过去的东方研究者看到了中国古典文化半废墟的美，不用说，还有新文化运动以来一批中国青年知识分子重新认识自己文化传统的尝试。最后，极为重要的还有那些愿意将他们的“中国园林”当作中国园林使用的燕大师生，他们不仅让一种古老的中国营建文化得以延续，还赋予了它和新的精神生活的真正联系。正如童寯所断言的那样，燕大学生感受到的新的“如画”绝不是中国传统的“山水画”，“中国风”也不等同于“中国园林”。但是，它毫

美国纽约大都会艺术博物馆内的“明轩”，刘大雁摄，photograph courtesy of The Metropolitan Museum of Art

无疑问加强了“中国园林”对自身的审知，甚至在技术层面上也是如此。

除了用现代手段营造的假山、维护的水系，以及内部差点儿装配“奥的斯”电梯的宝塔，“燕园”之中最重要的莫过于广泛展开的园林摄影实践了。燕园落成使用的20世纪30年代，也见证着苏州成为上海周边最重要的旅游目的地。

不同于此前罕有西方摄影者进入中国人的园宅拍摄，现在对于中国人自己，园林也是一种“外在”、有距离的拍摄对象了，极少有人会掉回头去，盘桓于他们买门票游赏的园林之中，对于游客，大多数园林都将是美国学者胡素馨所说的“初次遭遇”，匆匆

“明轩”的原型苏州网师园，凡丁摄于2021年

一面。或者为了方便通行，或者为了保护“文物”，或者为了方便摄影者随时取景，游赏者要和游赏对象拉开距离，园路急需扩宽，稠密的植栽需要减省，新的园林主人（博物馆管理者）不大会意识到，这些貌似纯功能性的改变将会极大地改变园林原有的意义，而这些改变甚至都不会有机会被记录下来。

这种改变预见了苏州园林史上的重要一页。1978年，纽约大都会艺术博物馆东方部主任方闻一行前往苏州，希望为该馆的一批明代家具寻求一个更能体现文人生活原貌的“展场”。双方经过讨论，决定在大都会艺术博物馆二楼依据苏州网师园的“殿春簃”营造一个小型的庭园，由苏州园林公司协助设计施工。刚刚恢复邦交的中美两国都对这项合作倾注了大量的热情，所用材料工匠都是一时之选，美方甚至要求中方准备两套工料，在苏州先复制试造一套，待到确认无误，再在纽约正式开工。结果大获成功，原本与“殿春簃”相对的绣楼才是展厅的所在，而占地400多平方米（13.5米×30米）的庭园只是配景，但后者却意外地抢了前者的风头。[38]

终于，“中国园林”走进了真正的博物馆，不仅仅是作为展场，更是作为展品，不可见的变成了可见的，私人的变成了公共的，环境变成了物品。中国园林变成博物馆展品的这一刻，标志着那些古代的空间重新得到了积极的使用，哪怕只是为了满足视觉之娱，实际上也是一件好事，尽管它最初的语境断然是改变了。即使大都会艺术博物馆的“明轩”是一件高水准的复制品，但是为了与其博物馆身份相符，它也得到良好的维护，被收拾得一尘不染。你若抬起头，看到园墙上多出来的玻璃屋顶，就会意识到这其实只是一套室内的舞台布景而已。

在一个西式博物馆盛行的世界里，那些无形、亲密、整体性的园林的意义难免耗损，有朝一日，这种现象也会重新定义远在万里之外的殿春簃自身。[39]中国园林面向“现代”的对话，既然是基于这样一个文化交际的新起点，那么，在它迈向真正当代中国的路上，也一定会面临着这样那样的困惑。

李兴钢，《瘦漏透皱2号》，乐高颗粒，200x150X100cm，2008

4

* * * * * * *

园林：建筑还是风景？

当我用我所知道的一切当代语言去瓦解了关于园林的固有意识时，这种意识使得园林重新获得了一种当代语境。

——王澍《造房子》

2006年，古城苏州终于有了一座崭新的“苏州园林”，这就是由美籍华人建筑师贝聿铭操刀设计的苏州博物馆新馆。经过好几轮同行和社会范围内的大讨论，中国建筑界的权威刊物《建筑学报》用欣慰的口气说：

新落成的建筑安然地嵌入传统园林建筑环境中，完美实现了设计之初设定的“中而新，苏而新”的目标，从而结束了4年来对它的种种争议和猜测。[1]

在苏州老城内建造一座现代建筑绝非易事。随着21世纪初苏州陆续加冕“国保”（1961年以来）、“世遗”（1997年）等桂冠，“苏州园林”这张名片已经牢牢地与这座城市拴在一起，新名片与过去城市内敛、谦卑的自况截然相反，现在恨不能在大街上也可以看到苏州园林的影子。与石桥雨巷难尽协调的现代结构，无论已经有的，还是将来必要的，在城市规划中都只好退让三分。

但是苏州人多少又不大甘心。毕竟，苏州在那个时候已经是中国GDP和人均GDP最高的城市之一，而新的发展需要一个不同的物理容器。尽管苏州人历来以自己悠久的人文传统自豪，对它几个商业发达的区域小兄弟颇有几分鄙夷，但是现在，“做生意”早已不是什么令人害臊的事。自近代跻身重要的工商业城市以来，苏州并不缺乏这方面的潜能，甫一发力，便不仅在江南，就是在全国也遥遥领先。不过，经济发达的“优等生”也需要一件体面的新制服。人们除了生活在过去，还得面向未来，拥抱人们心中最能“与时俱进”的愿景，于是除了古苏州，还有了一个“新苏州”，而且它的空间特色也不妨和本地引以为豪的风景沾点儿关系。

2007年，我第一次参观落成后的苏州博物馆新馆时就住在“新苏州”，我曾服务的设计公司负责新区中心的湖区规划和景观设计，它和传统的苏州园林如此迥异其趣。一种大开大合，一切俱在眼前，可供许多人聚集游乐；另一种却内向、封闭，有着高高的围墙，只容数人同欢。至于其中更具体的差异，只消说说两种“园林”对景观水的处理：传统园林大多危踞于水上，建筑在水中的倒影丰富了建筑的视觉效果，但不大让人有机会触及水面；无论这水是否由城市沟渠中引来，它们都绝非澄澈，卫生状况怕是要让现代人皱眉；[2]然而，“新苏州”要的却是“亲水”又安全的现代景观，除了过于严酷的暑热或是冬寒，这项功能都大受徜徉水边的公众欢迎。

因此，我非常理解古苏州的两难。虽然人们骄傲于它的传统，新的生活样式还无法和旧文化的成就相提并论，但时代毕竟隆隆向前，“中而新，苏而新”势在必行。后来因为策展，我曾不止一次走进它的大门。[3]作为一个使用者而不仅仅是一个游客，我更加深切地感受到在现世生活语境之中的“苏州园林”欲求新是多么不易，除了新馆的邻居——大名鼎鼎的拙政园，还有那延续了数千年的生活，它们并不因为外部世界的迫切需求，就有自动“升级”的可能。

过往的历史纵然伟大，也难免消亡在灾祸之中，上林苑、金谷园、洛阳履道里、艮岳，甚至圆明园都已荡然无存，这个世界也早没了汉武帝、石崇、白居易、宋徽宗以及乾隆皇帝。新时代的博物馆馆长、策展人、艺术家、装裱工、清洁工乃至每天说说笑笑涌入展厅的观众，他们对中国园林的认知，要依据的只能是他们眼前所见，或是凭感性可以理解的东西。另外一种园林，则从司马相如开始就已经存在，这种文字层面的诗情画意，反倒可以顽强地适应于外物的变化——因借，而不是统统收入囊中；点染，而不求面面俱到。就算野火烧劫去，在纯粹思想的层面，它依然可以一次次“春风吹又生”，却又无形无据。园林的“设计”不管是否因着现代的“建筑”之名，人们在意的都是他们看见的，是空间和绘画的关系，是物质向结构的转换。然而，后一种园林遵循着刘敦桢《苏州园林》书中概括的“明旨、立意、问名”的轨迹，物质会磨灭，但意味长久——文学成为变化之路上园林虚虚实实的伴侣。如此一来，中国园林的意匠和西方景观构成了鲜明的对比，这或许是世界文明通过园林这种东西，对于人居模式的不同设想。

即使苏州是贝聿铭的老家，去国近七十年的他，在设计苏州博物馆新馆时也面临着一个空前的难题。毕竟，博物馆本身是一种脱胎于西方概念的建筑类型，和中国园林的旨趣相去万里，自然如果在其中可以栖身，那么它必然也会带来文化意义完全不同的“看与被看”。

来自苏州的建筑师

贝聿铭并不以中国传统文化内行人自居，也不一定喜欢他的设计被戴上“中国园林”的帽子。他甚至在不同场合表示过，他毋宁是一位美国建筑师，人们如果可以这样看他，好过频频寄意他的华裔背景与苏州出身。但是，贝聿铭却在无意中为其母国的建筑传统开启了一扇变革之门。他的成绩并非源于了解，而在于决断。

20世纪70年代，贝聿铭婉言谢绝了在北京设计10幢现代化饭店的邀请，包括在紫禁城附近建一幢庞大的高层建筑。他解释说:“我的良心不允许我这么做。如果你从紫禁城的墙往上望去，你看到的是屋顶金色的琉璃瓦，再向上望就是天空，中间一览无余……那就是使紫禁城别具一格的环境。假如你破坏了那种独树一帜、自成一体的感觉，你就摧毁了这件艺术品。”[4]贝聿铭看到了建筑空间和“场所”的内在联系，决心在北京西北郊区的香山为自己的母国设计一座有中国特色的饭店。讽刺的是，后来遭到批评最多的也是这个选址，因为它涉及许多当地的古树。贝聿铭的设计引起了巨大的关注，尽管他本人坚决否认人们由此为他贴上的“后现代主义”标签。贝聿铭设计的香山饭店在本质上是一种貌似古典却又适应现代语境的建筑空间，和20世纪以来建立起来的西方传统建筑学，甚至和主流的现代主义手法都不尽一致；香山饭店隐约有中国古代“造园”的意味，但是它的精确和实效，又绝非任何一种旧日的造园手法可以比拟。

香山饭店占地面积3万平方米，远远大于苏州的四大园林，[5] 可是以它客房数百间，餐厅、商店、邮局、酒吧、会议中心、健身中心等一应俱全的容量，又不会显得很大。饭店公共空间最显眼的是一个貌似四合院天井的全天候中庭，来客走过一个露天的过渡空间，就会到达饭店的接待大厅，大厅高约11米，与三层楼相当，和四合院庭院的布局类似，但要大得多。接待大厅北侧是一个与其体量相当、隔着玻璃相望的后花园，由大厅通往左右各区的客房时，会经过面向园景的室内走廊：

这些走廊80%以上都有一面对着室外庭园，并设有很多别致的源自园林式风格的玻璃窗，使外来的旅客可以借此欣赏到中国园林艺术中纤巧雅致的情趣，同时也可以领略到中国民房住宅的恬静、迂回、朴实之美，使旅客有“宾至如归”的感觉，而不只是一个有一张床可以睡觉的房间而已。[6]

虽然香山饭店的设计采用了现代的手法，保留了当代人的生活习惯，建筑面积和体量也大得多，但是“建筑群里贯穿了园林。一进门就有园林味。十几个庭园在平面上虽不一定沟通，但实际感觉上是连通的。感到室内外联系在一起了”。[7]很多人认为，这正是传统园林的趣味所在：

……整个旅馆像一个幽雅曲折的室内外打成一片的大园林，加上有山有水、有假山岩石，以及贝聿铭苦心尽力保留下来的基地上原有的成林古树，相信真会造成“柳暗花明又一村”的境界。[8]

玻璃顶棚刻意以一种简化的方式模仿了中国木构建筑中的“歇山式”屋顶，但人眼能看到的建筑外立面或是“内立面”，并没有中国古建筑常有的大屋顶形象，而是采用了类似南方民居的山墙，有利于墙后现代空间的展开。不过，传统民居的山墙并不开大窗，而在贝聿铭的现代建筑上，取而代之的也是“一种有乡土风格的素静（窗格）图案”。这个建在山地风景区中而以平顶为主的建筑群，并不符合中国山水画中常见的“和自然融为一体的

由流华池望香山饭店北立面，李玉祥摄

斜屋顶建筑物形象”，现在人们也要考虑园林中的房屋在俯瞰时的构图。爱之者将其誉为对中国建筑意蕴的创造性转化，不太喜欢的人，往往丢下一句“看不懂”或是“后现代”，就匆匆离去。

这里的“中国”可能只是重复利用的几何图形：“圆和方的多次重复，圆中有方，方中有圆，连马路灯具、楼梯栏杆、桌椅陈设都有这种重复……”[9]或者高度统一的色彩：室外的白、灰、花岗石本色，室内的白、灰和木材本色。中国园林的意匠，从空间、布局再到感性，由大到小，由结构到细节，现在都成了可以抽象分离出来的对象。比起直接复制到大都会艺术博物馆的殿春簃，这确乎是另外一条传统形式的再生之路。

香山饭店室内，李玉祥摄

中国园林该不该有个要言不烦的形式原则呢？在《苏州园林》一文中，叶圣陶试图提炼出连中学生也能理解的东西：

苏州园林可绝不讲究对称，好像故意避免似的。东边有了一个亭子或者一道回廊，西边决不会来一个同样的亭子或者一道同样的回廊。这是为什么？我想，用图画来比方，对称的建筑是图案画，不是美术画，而园林是美术画，美术画要求自然之趣，是不讲究对称的。[10]

至于如何才能“取得从各个角度看都成一幅画的效果”，他并未明言，只是不厌其烦地强调了园林设计者的修为：“苏州园林里都有假山和池沼。假山的堆叠，可以说是一项艺术而不仅是技术。或者是重峦叠嶂，或者是几座小山配合着竹子花木，全在乎设计者和匠师们生平多阅历，胸中有丘壑……”[11]

就像苏州园林中常见的石山，由唐代庭园中的“山池”发展到这个成熟时期，它已不再需要是更大的城市空间的组成部分，因为它自身就蕴藏着一个世界的全部形式密码——顶多加上相配的水景，“山水”至此已经是象征性的“自然”之全体。[12]叠石流水草拟的是现实中存在的名山大川，石岸、驳岸的来源都是真实的河滨与湖畔，石矶、石穴模仿的是各种水文条件，但这种模仿并不总是建立在形似的基础上。假山通常只是“像山”，如果偶然有人使得叠山“像（别的）什么”，即使是狮子林那样的名园，即使叠山手法不只取悦大众，还寄寓着更深邃古老的含意，评论者也会摇头，觉得违反了园林“自然”的要务[13]——“狮子林”为何一定要有石狮子呢？[14]

这种模仿境界之高必须基于等效性，而不是相似性。从它背后的修辞来看，这既不是“转喻”也不是“换喻”，既不像上林苑将自然的一部分代替全体，也不像艮岳企图反过来，生造一个人工世界来替代自然。但是“假山水”毕竟又有“真山水”的部分潜力，山是山，水还是水。

于是，包括贝聿铭在内的很多人都相信，对于叠石理水的训练和理解，将是考验中国园林类型学的最好标准，这是另外一种意义上的“中国园林”之理。就像近代化学工业发明的某种“精华”萃取物，可以冲兑成不同的口味，但又保有最核心的味道。在香山，30米长、25米宽、11米高的玻璃天井，搭配半径1.5厘米左右的铝或木条做成的遮阳帘，尽管整体尺度倍增，也不乏中国园林的趣味，但它把“不规则美”的东方印象，转化成了易于施工的构造关系。后来，建筑师在设计北京的中国银行总部大厦时，进一步强化了这种对于“中国园林”的类型学思考：

> 做到里面，里面有花园。里面有花园，国外也有的了，可是我们的做法是中国的做法。石头是昆明来的，竹头是杭州来的。楼内有园，是空的，像四合院，四合院里面是空的，有天井。[15]

当建筑的环境变化时，当代的中国园林需要进一步的变通。贝聿铭就反对将太湖石放在新建的中国银行总部大厦，他说：“太湖的石头（摆在这里）就不像样了，太细气。太湖石很细气，在四合院、小花园、我们家里面是可以用的，在这种大厅里面只能用（石林的）这种石头……”贝聿铭在云南亲自挑选的石材对传统叠山工匠而言闻所未闻，但是它扛得起更粗暴的现代空间——“为什么我要找那种石头呢？（作握拳状）因为这种石头很壮。”[16]

香山饭店和中国银行像是贝聿铭的“中国园林”回归故里前的彩排，而他随后设计的苏州博物馆新馆也得到了部分中国建筑师同行的喝彩。“……新馆的主庭园作为这组建筑群的灵魂，设在整组建筑的中心，东、南、西三面由新馆建筑围合，北面与拙政园仅一墙之隔……反映出传统园林的精神，并巧妙处理了与拙政园的关系。”[17]有的学者则认为，新馆最为独到的是中轴线上的北部庭园，不仅使游客透过大堂玻璃可一睹江南水景特色，而且庭院隔北墙直接衔接拙政园之补园，新旧园景融为一体。[18]

这些设计共同遵循的园林“法则”体现了贝聿铭作品中一贯的建筑与环境的关系。正如香山饭店在北面因借香山的风景，苏州博物馆的选址也因借了北面传统园林的“地脉”，只是新建筑中并不曾看到旧园林。它的中庭有大玻璃窗，也是向北望着庭园，其中的方池水面仿佛是由博物馆外的城市引水汇聚而成，一座石板折桥悬于水上，把人们的视线导引向北边，又收束于白墙背景前的一组片石假山。而在白墙后面，一墙之隔看不见的地方就是拙政园。

和大多数常见的展览空间不同，园林式的博物馆内很难空无

苏州博物馆，赵钢摄

一物。尽管窗户有大小，但至少和香山一样，人们走在室内时很难不把视线掉转向外，朝风光无限的室外“借景”。人们认为贝聿铭的设计已是一幅画，“以壁为纸，以石为绘”。现代博物馆的使用者（比如一个想在其中展出风景画的策展人）可能不大喜欢这种内外都是画——尽管是含蓄的东方绘画——的展览空间。换个角度想想，中国园林正是如此，或者说传统的艺术展示环境就是如此。苏州园林“尽量工细”的门和窗，“图案设计和雕镂琢磨功夫都是工艺美术的上品”。这“高度的图案美”让“摄影家挺喜欢这些门和窗，他们斟酌着光和影，摄成称心满意的照片”。[19]尽管纤薄的画材无法和这样强势的环境竞争，依园林成活、在园林之中创作的传统文人却并不在意这样的环境。

园林真的适合成为博物馆吗？我们无法质疑苏州市政府建造这样一座博物馆的前提：在苏州，在城市的中心，在一座被列入世界遗产的园林旁，又会有别的什么“苏而新”的选择呢？我们只能回溯一下“当代园林”生成的不同路径：比如来过苏州的美国建筑师茂飞参与创制的“燕园”，在燕京大学营造“校园”的过程中，“园林”的三层含义沿着从物质到象征这一路径次第展现，既有“旧”和“新”，也有“看得见”和“看不见”的计较。它意味着对中国园林的能指与意指、内在与外观、风格与功能的二元理解，而20世纪中国园林的新实践起初都基于这种理解：一种想当然的“旧瓶装新酒”。20世纪20年代以来，“民族形式”（通常仅指涉中国建筑的正面和外观），不止一次包裹了中国建筑走向现代化的努力。[20]尽管偶有“不太经济”“有些做作”的指责，但是这些建筑的功用并未受到太多的质疑，这也正是传教士和中国民族主义者们所推崇的二元论，出于各自不同的目的，是“用新的钢筋混凝土结构建筑来保留‘旧日的闲适’”。[21]

然而，真的会有一种自洽的“旧日”能保留下来且不受其物质载体转变的影响吗？传统中国园林的形象背后真的有一种无形和永恒的“中国”风味吗？新生的“校园”仅仅是将中国园林放大再加上新的教育功能吗？

紧邻拙政园的苏州博物馆新馆，也可以讲一个类似的从“废园”“校园”再到“燕园”的故事，从昔日名园到博物馆，再到中国传统文化之酒的“新瓶”……无论如何，这一转型不只是建筑学谱系的问题。苏州并不具备燕大案例中的某些环节，比如燕大在造园时，人们接受了从废园的模糊形象突然跳跃到切实有形的物理存在，从一座前所未闻的西式“大学”，再跳回到集体参与营建的“校园”。评论者不太在意校园的风格是否纯正，历史和现实是否相关，而只在乎它在当下是否“有用”；或者，非专业建筑师的意见因为符合大众审议的结果反而招人喜爱；也或者，在大家还没意识到文化正统不容侵犯之时，视觉上的新奇和现代建筑物无可匹敌的便利，已经使人们没有其他选择……这其实已经不仅是20世纪的苏州，更是整个东亚城市的选择。

选择既定，人们忽然发现，在园林中悬挂西洋油画好像有几分尴尬……毕竟废园和现代大学的功能本无瓜葛，而张扬的新艺术也不容易直接嫁接到旧艺术上去。

二者的共同之处，是它们都有弥补裂痕的中间机制。事实上，茂飞只是一位商业建筑师，而不是中国传统建筑的救星，他的校园中偶然出现的“园林”更是无心插柳。从那个时代起，整个现代建筑似乎就已经分裂成了不相干的阵营：大写的“设计”代表着逐渐占据上风的当代趣味，试图向客户说明他们要的建筑功能是标准的，使用是抽象的——至少对建筑完成以后的客户来说是如此，反而是建筑的外表和形象事关重大，需要一开始就找个有大手笔的设计师予以明确。如此，明星建筑师的逻辑才能说得通，他们鲜明的个人风格也才能适用各种截然不同的文化环境。只不过“中国园林”这一领域就像那些最核心的古城内里，其实是排斥外人介入的，这种缩微等构必须建立在一种强有力的心理认同上，急需一些有资质的“翻译”，要么是燕京大学校园中那群特别热衷“园艺”的中外员工，要么是像贝聿铭一样，尤能把两种文化或是不同领域加以融合的“话题人物”。

香山饭店迄今为止都是一座不那么知名的酒店，知道它的游客并不多，然而它却在中国现代建筑史上留下了不可磨灭的一笔；类似地，比起它在展览与文化方面产生的影响，苏州博物馆新馆对于中国建筑界的启发也要大得多。回归苏州的海外游子和四十年默默涵泳于此的童寯一道，引发了新一轮“中国园林”的热潮。这或许正是彭培根看到的：“相信贝先生是有意要借此为中国的民房和园林建筑重新建立更强的信心，进而再介绍到现代国际建筑界，使之能得到应得的一个别树一帜的地位。”[22]由此，出现了在西方建筑学院不大常见的一个现象，建筑师比他们从事景观设计的同行更热衷于谈“园林”，因为他们深信其中有着非同寻常的秘密，足以使得百年来仅是消极接受西方建筑影响的中国建筑走出困局。

彭一刚的《中国古典园林分析》一书就是这方面的代表作，它“打破了过去描述性的叙述，而由分析探索开始”，以理性推导的方式，层层递进，几乎穷尽了中国园林可能代表的设计“原理”，而且该书在写作时采用了现代建筑学标准的图解方式。叶圣陶注意到：“游览苏州园林必然会注意到花墙和廊子。有墙壁隔着，有廊子界着，层次多了，景致就见得深了。”[23]彭一刚把这些观察翻译成设计的原则，有各式砖砌镂空图案的墙壁是造成空间“渗透”的基本手段，比如留园的鹤所左近，“被分隔的空间本来处于静止的状态，但一经连通之后，随着相互之间的渗透，若似各自都延伸到对方中去，所以便打破了原先的静止状态而产生一种流动的感觉”。[24]两边无所依傍的廊子像拙政园中的“小飞虹”，一座优雅凭虚的小桥则是一类可以被看透的模糊的界线，“隔而不隔，界而未界”，虽有分区，但并不明显，翻译成当年时髦的建筑学术语，就是空间中介于“黑”“白”之间的“灰”，[25]它增加了景致的深度，给人以迷离难以穷尽之感。[26]中国建筑师普遍关心的其实不是繁复的古建筑样式，而是“(以)园林(去)建筑”，是一种受到古典园林启发的现代建筑手法，和具体的造园实践无关，可以翻译成“大小”“疏密”“开合”这样一些中性的词语。游廊有曲廊、复廊，贝聿铭的设计里就直接援引了这样的游廊，北方的旅馆因此也成了一种有江南韵致的“园林建筑”。

被中国建筑师称道的“中国园林”不只是一种建筑风格和建筑样式，还寓意着一种能够唤起人们游兴之情、使空间产生趣味的机制。这些建筑本身未必有非常复杂的功能，不过它们涵盖了最基本的人与环境的关系。临水照影的建筑，如香榭园的山水楼；能够观景的建筑，如狮子林的扇子亭、拙政园的见山楼、沧浪亭的看山楼；具有玩赏趣味的建筑，如不系舟、游廊；等等。就不同的“看”法而言，它们分别代表着自己观照自己，由特定位置观看特定景物，以及一种更为复杂的运动中不同对象之间不同时刻的观看……这些基本的关系再次组合，就好像类型学中的元素构成不同类型，从而变化出不大会重复的“园境”，可以对应着某句人们熟悉的诗里说透的意绪，比如“你站在桥上看风景，看风景的人在楼上看你”。熟悉园林的建筑师相信，把这些游赏的机制“翻译”到一种颗粒细小、机制复杂的庞大空间组织中去，哪怕尺度、语境有所变化，也会得到类似的感受。

但虽然理论是死的，但人的感受却是活的。如何把无数个“景点”凑成一个完整的园林是个难题。留园等大型私家园林内部往往存在着不大“均质”、难以连属、无法统一的空间概念：到底是你在看风景还是看风景的人在看你？彭一刚试图将其整体空间划分成几个相互联系的“子序列”，入口处近似于“串联”，中央基本呈环形序列，东部兼有“串联”和中心辐射两种特点。小秩序再组合，又回到大小、疏密、开合等大原则，如果能依靠这些对比手法“引导人们循着一定程序依次从一个空间走向另一个空间，直至经历全过程”，便会体会到“抑扬顿挫的节奏感”，从而理解设计者的逻辑。留园便是这种设计的典型，它的“入口部分封闭、狭长、曲折，视野极度收束；至绿荫处豁然开朗，达到高潮；过曲溪楼、西楼时再度收束；至五峰仙馆前院又稍开朗；穿越石林小院视野又一次被压缩；至冠云楼前院则顿觉开朗；至此，可经园的西、北回到中央部分，从而形成一个循环”。在另外一些园林中（比如扬州的何园），作者则断定，“无论从哪个入口入园，都可依次摄取一幅幅充满变化又连续的图景”。[27]

于是，具有中国特色的建筑类型学部件，不一定是现代建筑的隔断、通道、大厅、艺术品、遮阳百叶、舷桥，也可以是“（粉）墙、走廊、屋宇、假山、树木、桥梁”（刘敦桢的总结）……一个重新打开的世界里，新的设计方法若隐若现。

意味深长的是，彭一刚的书中只有数张彩页，这和当时的出版印刷条件不无关系。不过，对于想要洞彻园林设计机理的人来说，精练的黑白钢笔画却比摄影更加直观，这也是中国大学的建筑系训练学生捕捉建筑印象时的典型手段。诚然，苏州园林不像北京的皇家园林，它极少使用彩绘。这里没有刺眼的大红柱子、施以广漆的建筑构件，乍看上去，仿佛上了年纪的木材一样尽是暗褐色的调子，无论粉墙、地砖、屋瓦还是檐漏，白、黑、灰都构成了苏州园林给人的主要印象。然而，真实的苏州园林毕竟是一个比水墨画更为生机勃勃的世界。明艳照眼的大自然即使是在方寸大的小园里，依然比现代主义建筑的简笔画更丰富多彩。这本在方法论层面上澄清了园林建筑原理的革命性研究著作，一经对比，便有了这种不无缺憾的另一面。

贝聿铭作品中“壁纸”“石绘”等设计传达了苏州园林缩纳天地的部分意境，但又和真实的苏州不同。更准确地说，它是呼应了中国画意境的画，更是一幅镶在西式镜框里的现代中国画，因为画框的清晰、确实，才能放进棱角分明的现代空间之中。不过这也大大限制了人们观赏这幅画的角度，老苏州的园林线条虽然不甚简明，“画面”却是“活”的，是丰富和多变的。能够持续产生画意的画是一种“元绘画”，或者用中国建筑学者的说法，是“空间构图”。[28]

彭一刚已经注意到空间分析的简图不能充分涵盖中国园林的“活”。他强调，除了那些二元表述的原则，如“内向与外向”“看与被看”“主从”“藏与露”“疏与密”“虚与实”“仰视与俯视”，还有更多东西不能为这简单的对比手法所概括。更重要的，观赏点和游览线路必须是一个整体、灵动的系统，空间不是一种类型或者几个指标，而是不同空间的组合与不同原则的叠加；只有这样，叶圣陶看到的“局部的美术画”才可以合成“活泼泼的”现实。[29]园林中从简单的“对景”“借景”到“移步换景”是摄影向电影的转换，时间因素在空间中出现了：人的视点一改变，所有景物就都改变了原有状态以及它们相互之间的关系。而更深层次的“看”，是一种难以用视觉完全概括的感知，是空间超越于一点透视之上的心理“深度”。

然而，有一个问题是建筑师在书中无法解答的：什么样的建筑功能程序（architectural program）既清晰，又能不断变化？是谁最终有能力使园林不变而周遭的“空间”常为之改观？如果真有这么一个厉害角色，他断然不会只在园林的一隅忙碌，“他”也不大会是一个人。

曾经盘桓于小园之中的“他”现在面目模糊。他并非像汉武帝一样无暇顾及他巨大的林园，曾经的私家园林只是没有了固定的“主人”。园林是一种从不同的角度望去都成立的风景，它的“使用者”本来就是含糊不定的，近代的公共建筑也是一样，老建筑在经由不同性质的功能转换后，“使用者”也会不复一种声音。当新落成的苏州博物馆可能冒犯它年长的邻居时，东南大学建筑历史与理论学科学术带头人陈薇说得好，虽然周边都是老建筑，但那并不是同一个“拙政园”。事实上，被笼统地划入同一院墙的是三个各有沿革的园林：拙政园、补园、归田园居。它们各自经历了数百年的人事沧桑，时分时合。[30]那些不断变动的园林就像一部延时拍摄的电影，最终构成了它们立体、变化的历史风貌。这个洞见为我们望着“苏而新”的目标更进了一步。

在20世纪80年代中国大学的建筑系，中国园林的新热潮恰好和“后现代主义”思潮的流行处在同一时期。准确地说，这并不是另一种“主义”，现代之后的主义是一种终结其他“主义”的“主义”。

设计师和“主人”

新世纪以来，中国园林研究者已经有条件将他们的研究对象不止看成一件静态的艺术作品，也无妨观照“作品”在立体、全息的社会语境中的历史。一旦把“中国园林”这一概念扩大到时间之中，对其设计的兴趣也必然会扩大到日常使用，甚至是它在生活舞台中广义的阐释和接受。贝聿铭在设计苏州博物馆新馆时面临的最大挑战，是他的苏州博物馆和拙政园到底是什么关系，古典园林的学者告诉他，其实那堵“以壁为纸，以石为绘”的白墙后面，不必一定是“同一个”拙政园。

南京大学建筑与城市规划学院教授鲁安东仔细解剖了留园这一处在变化中的园林，发现园林确实可以有其专属的一部历史，不仅是艺术风格史，也是物质文化史，甚至是政治经济史。一旦了解有多少人曾住在园林中，熟悉他们的社会地位、衣食供给、出入路径，我们对它的设计意图和空间意义也会有不同的判断。他比较了童寯在20世纪30年代中期测绘的留园和刘敦桢等人在60年代初期组织修复的留园平面图，结果发现了两种迥异的园林面貌：山、水和主要建筑物相似，但相当多的细节已有变化，部分建筑甚至已经消失。经过建筑学家整理的无主的新园林，显然有着更流畅、动态的空间，符合我们在彭一刚书中读到的留园“抑扬顿挫”的特色，适合从设计者角度出发的动观；更早以前还不是大众场所的留园，院落体系的格局却完整、清晰，彼此相对独立，和现代人的看法有别——不期而至的参观者喜爱谈论的“流线”在此并不显著，它的个体空间彼此也不甚连续。[31]

苏州南林宾馆所见苏州古城天际线，作者摄于2009年。最远处可见城墙外的高层建筑，近处则是貌古实新、经改良的“苏式建筑”

也许在这个意义上，人们可以对贝聿铭设计的苏州博物馆提出新的看法。不在于他的设计是否接近苏州园林的“本质”，如果真有什么本质，那一定主要取决于园林是住宅还是博物馆。后者不是中国既有的一种空间类型，作为文艺复兴所缔造的“私人的万神殿”，博物馆是一种摇摆在公私之间的现代场所，它关注个人的艺术体会，但这种体会在进入公共领域以后才真正引人注目。而中国园林是古典文化的标杆，它注定是极为奢侈的个人化消费，其中如果交织着各种目光，那也一定不是今天参观者泛泛的好奇。

清代著名文人李渔曾提出各种“看”的模式，它们无一例外都是个人化的视觉体验：

此窗若另制纱窗一扇，绘以灯色花鸟，至夜篝灯于内，自外视之，又是一盏扇面灯。即日间自内视之，光彩相照，亦与观灯无异也。

——《闲情偶寄·居室部·窗栏第二》

“便面窗”“尺幅窗”“无心画”等，皆是这种模式。以精巧而言，今日的科技并不逊于昨日的奇巧。但有一点区分非常关键，对于负担得起这种生活方式的李渔而言，他自是说来就做，既不需要与人商量，也不用担心资费耗损，他的园林是一个人的，断然不会暴露在众目睽睽之下。即使涉及太多实际事务，需要面对不同性质的技术“瓶颈”，也是任性的“主人”自己的事情。

从优化工程管理的角度，历史上的园林大多因地制宜，尤其是大工程——例如著名的艮岳，它们在营建时需要类似现代土方平衡的考量。可是到了近代的苏州园林之中，这种风气为之一变，“明万历以来四百年间江南园林的假山以石多土少为其主流”。[32]假山的施工虽然有大致计划，却全凭“主人”一己的眼光和判断，无法像今日的结构工程那般准确。布局、理水、叠山、建筑和花木，这些问题中的大多数在没有形成抽象的设计原则之前，是具体甚至琐屑的，它们随着生活本来面貌的多姿多彩而有不同，仅仅在大学的绘图教室里很难精通。

不用说，园林中还有那些可以生长的“有机”部分。夏秋季节可观“鱼戏莲叶间”，养着金鱼或各色鲤鱼的池沼不仅入画，还需要人来照料。至于园林中的植物，建筑系的师生远不如农业大学的专家了解，甚至也不见得比常画山水的艺术家在行。叶圣陶就明白，栽种和修剪树木也得着眼于画意，寓意于久长：“高树与低树俯仰生姿。落叶树与常绿树相间，花时不同的多种花树相间……”[33]如此，才能一年四季风景交错而不感寂寞。园里古老的藤萝枝干虬曲，自成一幅好画，园林的每一个角落都要符合“图画美”，但一般的园丁如何识得画意？读书人自己也不懂施工。大多数时候，这种“画意”绝非天成，那些盆景大师刻意摆布大小不一的植物，逆反它们生长的逻辑，好让它们入画家的法眼，仅仅绘画、盆景这两门不同学科的合作就够折腾……识景，须得先识人。[34]

明末清初的文人张岱在《陶庵梦忆》中便记载了一座难以复制的精巧园林，涉及的工种和耗费都难以尽数，因为没有稳定的设计图纸，所以造园者像作画一般在施工现场随时涂涂改改：“溪亭住宅，一头造，一头改，一头卖，翻山倒水无虚日。”画是二维，园林毕竟立体，前者指挥后者，用现代眼光来看，恐怕是效率极低了，而其中的溪亭更是“虽渺小，所费至巨万焉”：

> 瑞草溪亭……燕客相其下有奇石，身执蕖臿，为匠石先发掘之……乃就其上建屋；屋今日成，明日拆，后日又成，再后日又折，凡十七变而溪亭始出。盖此地无溪也，而溪之，溪之不足，又潴之、壑之，一日鸠工数千指……[35]

颇有暴发户气质的燕客，完全是以人力生生造出一座溪亭，园林活活成了矫揉造作的大盆景。他觉得“山石新开，意不苍古”，于是用马粪涂在上面培育苔藓，苔藓不能马上长出，他居然“呼画工以石青、石绿皴之”，真的是凌空作画。剩下的事，就像是个笑话了：

……遂以重价购天目松五六棵，凿石种之。石不受锸，石崩裂，不石不树，亦不复案，燕客怒，连夜凿成砚山形，缺一角，又辇一礐石补之。燕客性卞急，种树不得大，移大树种之，移种而死，又寻大树补之。种不死不已，死亦种不已，以故树不得不死，然亦不得即死。[36]

“一亩之室，沧桑忽变”，造园者使出了移山填海的气力，而且“见其一室成，必多坐看之”，却不免“至隔宿或即无有矣”，极其夸张。但类似出口文物的明轩，不也是极尽能工巧匠之能，耗费名贵出产之资吗？“……从四川调运几株珍贵的楠木，用作柱子材料。其他木构件均选用上好的银杏、香樟，砖瓦全部在陆墓御窑定制，苏州市政府批调数万公斤砻糠，采用传统烧制工艺，每块砖均打上‘御窑’印记……除苏州市园林管理处的园林修建队二十余人外，张慰人和项目组成员还从民间寻访了大木、小木、瓦工、石工、假山、雕刻、铺地、油漆等工种的能工巧匠……”[37]连烧砖的燃料都是特批，整个园林营建团队像是好莱坞电影里的“十一罗汉”。这种“优选出口”的工程组织模式显然难以长期保证较高的标准与质量，受“明轩”启发而在全国范围内兴起的

“中国园林海外业务”，是否都能达到博物馆展品的水准，可就很难说了。

这种私园“在功能上是住宅的延续与扩大……”[38]园林如果也算建筑，肯定是一种极其特殊的建筑样式，首先从属于个人化的生活。在这个意义上，我们自近代以来推崇的“中国园林”的内涵就会产生某种窄化和含混。至少在白居易之前的时代，某些规模不小的园林仍有着远大的胸襟，它们因此才有值得推广和融入现代生活的可能。如果不是将特别的造园意匠转化为普遍的建筑手法，狭小的私家园林置换为广大的人居环境，这种古老传统就面临着失传的危险。

《园冶》开卷即是“兴造论”与“园说”。按照孟兆祯的观点，中国建筑学的开山祖师梁思成早已憧憬着建立一种广义的建筑学，可以融合这两种说法。这种愿景为清华大学的师生们所继承，国际建筑师协会1999年于北京举办的第20届世界建筑师大会所拟的《北京宪章》中，著名建筑学家吴良镛就提出人居环境科学领域要“融合建筑、地景与城市规划”。[39]但另一方面，实际的人才储备和学科体系建设似乎又与此颇有距离：1949年之后，清华大学建筑系和北京农业大学园艺系联合创办造园专业，园林专业于是从建筑学院独立了出去，甚至脱离了综合性大学的专业范围。从此之后，“兴造”与“园林”两家各自发展，各有偏重。更不用说，还有凌驾于它们之上的“城市规划”，各家学科根基都不一样，更遑论合作。值得一提的是，在确定学科名目的时候，园林已经被叫作“风景园林”，也就是说，现代的造园者并不甘心囿于苏州园林的一角，他们考虑的是更大的环境营造问题，甚至是国土资源的开发与使用。

也正是基于此想，留学归来的风景园林领域的从业者提出了他们对于“中国园林”的新看法。他们没有回避现代生活和狭义的“中国园林”，也就是苏州深巷之中的那些杰作与这个时代的距离。在他们看来，后者高昂的成本、费解的意蕴，以及难以进行科学研究和用于现代工程的营作方式，排除了其成为现代城市主营业务的可能。他们还提出是否可以用一个新的词语替代这门学科的既有称呼：是叫风景园林，还是使用从英文翻译来的“景观建筑”？由此，在陈植教授的“造园”说之后，中国园林史上出现了新一轮的“正名”大讨论，而且迄今也未能形成真正的共识与结论。[40]

有人认为“景观建筑学”就是一门景观+建筑的学科，但这种理解近乎望文生义。这显然是对英文“landscape architecture”的误读。他们还站在建筑师的立场，用建筑学理解和设计园林，提倡传统园林也可以有一笔一画的施工图纸。[41]考虑到前面所说的工程效率，这不无道理。反过来，也正是因为按照园林的方式重塑中国建筑学，蕴藏整个中国人居文化于中国园林之中，才造就了后者的盛名。相形之下，1949年之后发展起来的那些更“传统”的造园学科——工作内容主要是“环境绿化”，工作范围主要是配合建筑规划，它们的角色至关重要，贡献却不大可见。尴尬的是，由于特殊的历史条件和学科建制，园林设计所依附的其他因素，例如对传统文化的理解以及园林所依附的城市历史和营造机制，却是这一领域从一开始就相对缺失的。就“为人民服务”这一基本目标而言，营建传统园林无疑是件奢侈的事情。

接下来，就是那些一力呼吁将中国园林这门学科命名为“景观建筑学”的人了，他们主张把打量风景的视角转移到空中，用超越审美的眼光，带上现代工具去丈量大尺度的环境。他们认为设计师甚至不一定要学会画图，不管是钢笔画还是水彩画；相反，他得能使用GIS（地理信息系统）这样的数字工具，会像地质学家、环境学家一样研究山脉与河流：这些新知识是深水区，甚至城市规划的传统从业者也不曾触碰。园林中的水，现在对这些人而言将“见水不是水”，接受过这种思想的新的造园者难免会质疑他们的前人，水中看不见的是什么，这水最初从哪里来，又自何处流入大海？

中国园林会成为一种建筑思想、风景塑造还是景观规划？在这一争论中，较少有人提及的一个重要方面是关于现实变迁的，而这也是争论三方事实上共同面对的问题。曾几何时，生活改变了，各种洋景观兴起了，而洋景观兴起的重要动力之一，便是21世纪以来随着中国的经济发展，新的人居环境开发体系得以建立。经济社会的蓬勃发展催生了巨量让人瞠目的建设项目，而这些项目无不需要三方协作才能完成。事实上，即使呼吁“景观建筑学”的从业者也是这一潮流的受益者。即使一个人碰巧考上了大学的设计学院，他在毕业后仍有很大可能会走上和委托方讨论空间模型的道路，只有极少一部分人才能真正拿起上述那些工具，既脱离效果图和总平面图，也摆脱出资方的干扰，去做相对学术中立的环境研究。归根结底，无论是传统的园林还是新兴的景观，都不是纯粹的环境科学，而是一种正在进行中的人居实践。没有具体的中国这一前提和日新月异的时代背景，对于两者的兴趣都将不复存在。

长久以来，人们已经意识到，传统园林和现代建筑二者的关系依托于“城—乡”模式的设定，中西方在这方面有着明确的文化差异。比如《中华帝国晚期的城市》一书的编者施坚雅等人就认为，中国的“城—乡”之间过去并无显著差别，而且“乡”和“城”的观念存在着一定联系。最早的园林事实上并不系于城市，而今天提出的“城乡规划”却基于西方舶来的建筑学观念，由此建立了城市—乡镇—村庄—保护区的金字塔体系，从塔尖到塔底，营造手段逐渐从建筑“设计”趋于景观“规划”，核心定位也由人造世界转向荒野自然。[42]因此，“城—乡”的疏离成了不可逆转的现实，城市中的是园林，乡村的才叫“风景”。

值得注意的是，这种空间手段上分离的“城—乡”二元，却可以由笛卡尔的哲学理念在数学指标上归于统一，[43]成为今日中国“城乡一体化”的理论基础。于是，“建筑园林”联手“景观建筑”，前者固然让城市里的自然元素更具城市特色，后者也把乡村山林慢慢当成了建筑的对象。这恰恰和“城—乡”二元对立的现代通俗画构成某种表面上的矛盾。2007年，中国政府颁布的《城乡规划法》和《物权法》强调了城乡之间的“统筹”，也就是在空间上将城乡当作“一盘棋”规划，在理想状态下，中国未来的区域发展将可以进行系统调控，层级之间平滑过渡，而不再有行政体制的人为分割。按照规划法制定者的愿景，这种“平等对待”将进一步推动“城乡一体化”的进程。正如美国城市规划史上有名的“六英里法”或者英国人测量印度的“三角形法”一样，将一种人为的逻辑不加区别地应用于两种不同的人类生存环境，意味着这样一个重大的转变：直观的和相对的古典世界，最终将让位于抽象和绝对的现代思想。

如果真是这样，那么园林和建筑就没有什么区别了，就算继续致力于精神世界的空间游戏，也不得不屈从无所不在的统计规则。景观如今可以后缀“建筑”，进而获得空前的发展机遇。与此同时，更大尺度的环境运筹，比如国土规划，它们的工作方法也在侵入小尺度的建筑，或是为城市街区的设计提供指导。参数和指标，而不只是“气象”“韵味”，成了判定园林的新标准。照此下去，会不会出现一种“数字园林”？人们不难据此猜想下去，以纷繁著称的园林表象其实也可以依从某种“程序”，就像有些机器人正在通过练习变成书法家一样。这种囊括先前设计“原则”的“原则”更具实效，因为它可以尽可能地容纳更多变化。只是这样时髦的数字园林，还是我们熟悉的中国园林吗？

目前的营造“江湖”并未一统，每门学科对这样的问题都有

万桥园，2011年西安世界园艺博览会会址，荷兰WEST 8设计事务所设计。作者摄于2011年

自己的见解。恐怕这种争论只是开始，还远未到可以得出结论的时候。每隔数年，“中国国际园林博览会”都会在不同的中国城市召开，园博会就像一个规模大得多的苏州博物馆项目，或者百十个南越国宫署那样的遗址复原展示，吸引了不同省份、不同机构乃至于国外特邀设计师的参与，作为某种现代的“中国园林”的实验，它强烈地征询着每个参观者对这个主题的“看法”。在这种“国际”“对话”的语境中，中国园林作为一种“国粹”，像是京剧和大熊猫，依然苦守着自己的风貌和标签。在2013年的北京园博会上，当被问到对中国同行的看法时，著名美国景观建筑师彼得·沃克客气地说：“中国的古典园林不仅在中国有很重要的地

位，在世界上也享有很高的声誉。我认为中国的古典园林非常美，我对中国人所做的维护工作和一些景区的重建非常赞赏。”[44]

彼得·沃克绝不是唯一一个有类似看法的西方设计师。英国建筑师伊娃·卡斯特罗及其设计团队在园博会上呈现的作品“凹陷花园”，创作灵感就同时来自苏州园林和西方的峡谷。美国建筑师戴安娜·巴尔莫里声称她曾受到桂林山水与漓江风景的启发。换言之，当代西方的景观建筑师对中国的印象依然踟蹰在遥远的空间和时间中。请注意，在接受中国媒体采访时，他们其实未尝不了解提问者期待的当下语境，他们没有回答不是因为不想回答，而是因为他们也不知道从古老望向未来的答案。被问及对中国现代园林的评价时，沃克直言：“我认为现在评价为时尚早，因为中国的现代园林还很年轻，我们还没有看到现代园林真正的演化发展过程。”[45]

作为一个现代主义者，沃克所说的“现代”有确切的含义，就像“城—乡”之别，它明确提示了一种“摩登”与“古典”对立的二分法。甚至那些并不信奉现代主义的西方建筑师也只能回到这种二分法，比如中国国家体育场“鸟巢”的设计者——瑞士建筑师雅克·赫尔佐格和皮埃尔·德梅隆，就对中国园林一直兴趣浓厚。在有机会与“中国”对话的时候，他们的设计也只有走向太湖石中隐藏的抽象，而并不在意这种抽象在中国可能对应的现实。就像当年那位刚刚从驶入扬子江的军舰下来，并拍摄到神秘东方第一张照片的西方摄影师一样，外国设计师能够理解且认为有价值的，只能是“古典”而唯美的中国。[46]就像前面提到的我所喜爱的那张老照片一般，东方和西方之间互相睽隔，现代设计和传统风景不仅存在空间距离，还有难以调整的“时差”。

“复古派”也许缺乏足够的说服力，不过现在大多数时候，“中国园林”也确实只能在博物馆“里面”看见，它直观地显示了古代和现代的尺度之别，也或者是“个人项目”和“建筑工程”的不同。由英国建筑师诺曼·福斯特设计的北京机场T3航站楼里，国际候机大厅的国际名品免税店之间就点缀着两座精巧别致的中国园林断片：“吴门烟雨”和“御园谐趣”。一座代表江南，一座来自北京，合起来才抵得上大都会艺术博物馆“明轩”的规模，它们像个仅供拍照留念的沙盘，却又比“明轩”有更大的“博物馆”背景，而且人来人往。[47]

不过，“疑古派”也不该忘记，“景观”[48]这个汉语名词中有个“观”字。“观”即是“看”，看园林，也是看风景，它使得这个貌似越来越强调技术性的学科仍有个非技术的尾巴，使它不得不与文化相系。因为“景观”中陌生而有趣的“观”，也因为观察角度的不确定——时而是主体，时而是他者，但都是寻求“异趣”的陌生视角——园林不仅与美学有诸般纠葛，也与经济、商业、消遣……甚至教育、社会、政治有错综复杂的关系。[49]这正说明，苏州博物馆新馆的室外“风景”，园博会里万国八方的“展位”，北京机场“到此一游”的拍照地点，都未远离纽约大都会艺术博物馆中的话题。

你会怎么“看”挣扎着往前走的中国古城？哪怕“园林”已

经不再现实，但“现代”依然是云里雾里的风景。

首先是尺度，“新苏州”显然比“老苏州”大。不要忘了，这种大小有特定的参考标准：人。在苏州博物馆新馆落成之后，从政府大楼到火车站，明显借鉴了贝式做法的一系列现代的“园林建筑”应运而生，苏州人过去熟悉的园林反倒离他们越来越远。就像园亭式样的公交车站不得不在大街上接待客人，这些高大空阔的“新苏州园林”，也只能无奈地承受着某种文不对题的尴尬。[50]

其次是密度。在面积不变的前提下，逐渐累积的人与自然的历史，会为一座园林的名字赋予远比它给旅游者的第一印象要多的东西。是的，茂飞并没有看错……穿行在河渠密如蛛网的东方水城里的人，是人，才构成了苏州园林的深层因素。

最后还有多样性，这在本质上是一种更复杂的内外关系，而且打破了均匀的、可以轻易“一体化”的笛卡尔空间。在园林中，各个要素并不是简单地相加，关注地表的地图学必须和三维的建筑学以及更多带有偶然性的人的社会动力学相结合。园林是一种多维空间，无论平面布局还是空间构图都是通过“体”起作用的，它既是园林自身替特别“主人”的“主体”邀人游赏的过程，也是这种“主体”吞吐外物的过程。

园林是一个十分复杂的生命体，我们尚不能够充分理解它，就像我们没有真正弄懂自己身体的秘密一样。

“园林建筑师”

在贝聿铭隔着大洋回首他的故国时，中国古典文化的传习者却只能在书斋中探究传统的园林思想。因为限时开放、收取门票且亟须修复，大部分时间苏州园林已向普通游客关上了大门。在园林主人缺席这样一个过渡时期，童寯、刘敦桢、杨鸿勋、彭一刚等建筑师因为新的职业既需动脑动笔，也要动手动脚，才有更多的条件一次次走进园林，思考园林之中的现代建筑学问题。

作为新的“哲匠”，这些建筑师亟须确定自己的身份。他们默默思索着迫切的问题：如何在现境中延续苏州园林的传统？而这一切，都发生在苏州博物馆新馆落成之前。

冯纪忠是贝聿铭的同时代人，也是同济大学风景园林专业的创始人。但他在这个领域长期寂寂无闻，只因新世纪的“中国园林热”，才将他在20世纪70年代末期至80年代中期设计建造的几座小建筑——公园，重新带回人们的视野。位于上海郊区松江的方塔园，本是围绕着一座宋代方塔与一座明代影壁建造的历史保护项目，出发点和南越王宫博物馆有几分相似。然而，冯纪忠并未刻意参照既有的古典样式，而是将中国园林的设计精神注入了现代建筑的理性之中。而方塔园内仿四坡顶弯屋脊形式的“何陋轩”，更是被人们视为“园林建筑”的最早尝试——也就是用古典园林的方法来设计现代建筑，四面揽景，自然建造。

如前所述，传统城市中本来便有些这样的“园林建筑”，它们并非特殊的专门为园林设计的建筑类型，而是传统构造和环境功用的适配，是调动主人心意的建制。比如因园林见称的亭台轩阁，就是为了使其能更好地向环境敞开，对标准木结构建筑的改装。比如四面厅周围以回廊代替传统建筑的明间；长窗安装在步柱之间，无须再做墙壁；用覆水椽、望砖代替天花板；或者梁架采用草架，内部看来是好几个屋顶的联合，从外部看来却仍是一个整体——园林之中的屋盖造型，屋角反翘轻巧灵动，无法用官式建筑的样式来概括，屋面的形式五花八门，都是梁架适应设计的结果。除了我们熟悉的“亭”，陆地上似动非动的“旱船厅”、建筑与假山直接连接的“边楼”、在地形上起起伏伏的“爬山廊”……也都是“园林建筑”独特的发明。[51]

这种因地制宜的“简装”空间，而不是叠梁架屋的繁复堆砌，才是中国园林建筑构造的真髓。构造的轻盈，也意味着艺术精神的质朴，很难出现在过于隆重宏大的官式建筑中。冯纪忠低调的生平、长期“靠边站”的身份、有限的项目条件，使得他意外地成为新园林思想的领军者。只不过，在他而言这种想法的形成是出于下意识，而他后继有人则是源于高度的文化自觉。

一群“园林建筑师”从此脱颖而出，他们既非园林专业人士，在师法西方的中国建筑师里也相对“异端”，其中最有名的莫过于王澍。2012年，王澍荣获了有“建筑界的诺贝尔奖”之称的普利兹克建筑奖，该奖评委会认为，王澍的作品有种“追怀过往而不泥古”的特质，他自己时而称其作品为“文人建筑”。从南京工学

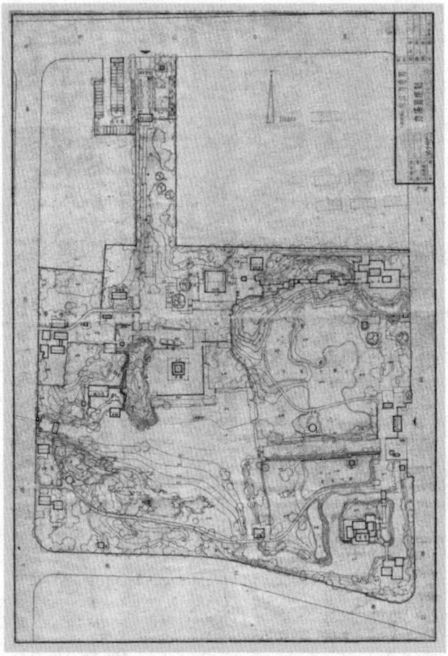

冯纪忠，松江方塔园平面图，严善錞教授提供

院毕业后的近三十年，建筑师只做了少量富于个性的作品，由于它们采用了相当多的传统元素，比如本地材料工艺、回收的旧砖瓦以及典型的江南风格，它们给人以强烈的“拟古”印象；但与此同时，王澍出人意料地未按常理使用这些元素，例如超大尺度的“门”“窗”，源自宋画而被戏剧性放大了的“山形”……它们难免遭到现代主义的功能论者和古典爱好者的双重抨击，然而，也许正是因为这种别出心裁，在太阳之下难有新事物的当代建筑中，王澍的“业余建筑”（其工作室名称）才获得了西方评委的垂青。

1999年，第二十届世界建筑师大会于北京举行。在会议期间的中国建筑展上，王澍明确提出了“园林的（建筑）方法”，并解释了这种方法将会带来的影响：

在这种方法的视野下，作为那种纪念性造型物体的建筑学观念被抛弃了，它将被一种更重视场所和气氛的建筑学所替代；作为

童明，苏泉苑茶室，苏州平江路街区。童明提供

那种有着意义等级秩序的建筑语言被抛弃了，它将被一种在某种漫无目的、兴趣盎然、歧路斜出的身体运动所导致的无意义等级的建筑学所替代……[52]

“园林的方法”是王澍的起点，但绝非其终极诉求。王澍希望，这是在另一种建筑学观念下“对建筑语言本身的返回”。其实，不只是半路出家的中国建筑学，就是西方建筑语言，也不可能有什么绝对清晰的“本身”，如同中国历史上许多复古运动一样，它返回的不是单一的来处，而是复杂的新的起点。王澍的回归是“回到未来”。

中国建筑学的现代起源与其奠基人梁思成、林徽因在应县的一次考古有关。“当时天色已晚，营造学社的建筑师们透过暮霭遥遥看到的拔地而起的佛宫寺释迦塔是一巨大的剪影……他们对木塔的第一个感性认识不是它的空间，而是它的形象，平面化了的形象。暮霭消解了进深感……”[53]曾留学宾夕法尼亚大学的梁、林在回望祖国古老传统时的视角，和稍早时候劳伦斯·史克门、恩斯特·柏石曼乃至伊东正太等汉学家与东洋学家观察中国建筑的视角并无本质不同，但是梁、林既从远方欣赏了它如画的景观，又进入古建筑内部做了实地测绘。他们给后人留下了一个选择：驻足在他们自己传统的“外边”，或者进入“里面”。如此会得到两种不同的建筑学抉择：（西方）建筑的和中国园林的。

按照另一位中国当代建筑师张永和的说法，苏州园林理应是

“不可画”的，它只能从里面理解，不能被单一的图像描述或定义：

因为我对留园的外表毫无印象。想来（并不十分肯定）留园的外部应有粉墙灰瓦，如果没被四邻遮挡的话。对于园的内部的记忆也没有一个单一形象，甚至没有建筑物的形象；记得起来的是重重叠叠的空间。[54]

对于那些更混沌和复杂的内向空间，外部的观看失效了，如张永和所言，“建筑画无力表达画的建筑”，[55]如画的中国园林，恰恰不可画。张永和将园林的设计者称为“有着内向世界观的中国人”，而他对园林的设计如同下围棋，每一局棋，他都会把这一内向的空间模型从边缘到中心重新建立一次。也正因此，留园的设计才通过在基地上作确实或想象的漫步而产生。而设计者本身并不进行平面构图。平面和构图均属他无意涉足的外部，他只安心于内部。[56]

如同鲁安东的研究所示，留园更适于漫步还是安居并不只是“一个”设计问题，在不追求效率的前提下，文人建筑完全有可能“一头造，一头改”，它并不一定要有个一开始便确定的设计意图。经过现代建筑师修缮后，本来互不相属的留园庭园彼此连通，间隔慢慢消失，由此表明，想象的漫步完全可能因为人为干预转向确实的漫步。当代建筑思想不仅是一种思想，它也可以参与中国园林的现实，甚至重新诠释这种本身也是新构造出来的传统。

王澍在南京工学院也有几位重要的老师辈曾留学美国。例如，在20世纪50年代初设计了被张永和称为“一座真正的现代建筑”的北京和平医院的杨廷宝，以在华盖事务所从业时期的沪上作品名世的童寯，在80年代以前普遍保守的建筑风气中，他们真正的创作志向难以尽情施展，但其弟子辈却为今天大学内外那些普遍的现代主义建筑思想奠定了基础。在这群人中，王澍可谓另辟蹊径，他在现代主义大行其道时，转回了童寯在江南园林中发现的起点，这个起点也是建筑历史学家梁思成和林徽因的起点。梁、林和杨廷宝、童寯几乎同时期在宾夕法尼亚大学求学，他们在归国后所拥抱的营造传统，尽管一时难以像其他学科那样找回本土的“前身”，对于中国的现代建筑实践也影响甚微，但毕竟迎合了当时中国人重塑民族自信心的需求。

现在，王澍需要换一个方向重新出发。

一方面和梁、林一样，王澍的作品具有一种“强烈的文化延续性”（普利兹克建筑奖评语），另一方面他复兴的又是一种使人陌生的“传统”。毕竟，他设计的象山校园与宁波博物馆都是旧日中国不存在的事物，它们的结构和形象没有范本可言，它们承载的文化也不大有例可循。“中国园林”不断生长的概念，适合以此山之石攻他山之玉；活的事物自身不大确定，这种借用容易失去传统的法度。早年相当叛逆和先锋的王澍，借着宏大立论，把“园林”（多数时候他偏爱以简化的形式使用这个名词[57]）推上了它在文化史上从未达到的巅峰——当代“园林”在此处引领的不再仅是文人意趣，还是“建筑”，甚至是“城市”。

西方的建筑与自然从来泾渭分明。但在中国园林的传统表述里，建筑虽然不容忽视，在造境之中却只是一种次要之物，换句话说，自然远比建筑重要，建筑更像一种人造的自然，人们不断向自然学习，只是为了使人的生活回到某种无限接近自然的状态，这种中国长期存在的人文理想，也就是王澍所说的“自然之道”。[58]

“自然之道”出于反现代乌托邦姿态的批判和反省，也可以导向另外一种乌托邦：园林可能暗示着一种建立在地方文化差异性认同这一基础之上的生活方式，而这种生活方式的价值在中国被贬抑了一个世纪之久：

……在我特别喜爱的中国园林的建造中，这种思想发展到一种和自然之物心灵唱和的更复杂、更精致的哲学状态。园林不仅是对自然的模仿，更是人们以建筑的方式，通过对自然法则的学习，经过内心智性和诗意的转化，主动与自然积极对话的半人工半自然之物……[59]

“园林建筑”并不囿于传统的文人思想，哲学命题也可以导向现实抉择。“自然”决定了“自然地形”“自然演变”“自然材料”“自然建造”……这将是对所付出的资源与环境代价过大的中国发展的一种调节，甚至对西方建筑之弊也有同样意义。因此，王澍的“中国园林”一方面坚持小尺度、小品，另一方面又雄心勃勃地想要去征服整个世界。在他看来，未来的建筑学将使城市、建筑、自然、诗歌以及绘画形成“一种不可分割、难以分类并密集混合的综合状态”。面对更大尺度和不可知的未来，他呼吁新的建筑活动能够超越城市与乡村区别、打通建筑与景观、强调建造与自然的关系。这种建筑活动背后，包含着一种新的“城市模式的实验企图”。[60]

800亩土地，16万平方米，30栋建筑，位于杭州的中国美术学院象山校区的校园系统地体现了王澍的设计理念：就地取材、旧料回收、循环建造。他不仅像关注生态的建筑师那样保留了原有的农村地貌、耕地和鱼塘，微调而不是破坏自然环境，最有争议的，是他还试图“将真实的自然也变为生活场所建造的一种元素”。其实，如果从“中国园林”的修辞切入，把这种建造和环境的关系假设为叠山理水和真山真水的关系，一切就说得通了。这样的“自然”，既是自然，又不是自然。

从现实层面来说，这也是茂飞在20世纪所获得的难得机遇，设计者不仅要诉诸过去的文化，也试图积极地改造现实生活。毕竟，中国美术学院的师生对于这样的“城市模式的实验企图”有着最大的包容和默契，只不过王澍的象山校园不仅是一座大学“校园”，甚至也不满足于“回应中国传统‘书院’的教育建筑尝试”，它是一场一个人面对整个世界的战斗。

普奖评委们盛赞王澍在面对诸多重大使命时有种举重若轻的风范。他的作品创生了一类应对挑战的狡黠策略，既深植于情境之中，又规避顽疾死结。这种策略乍看起来近乎蛮干和盲目：王澍的“园林”与其说“小”得恰如其分，符合一般人想象的中国美，不如说它们幻化出了另一种纪念碑式的威仪，为此不及照拂所有琐细。如普奖评语所说，为了“坦诚地面对中国今日使用的建造技术和质量”，王澍与建筑工人合作，选择借由他们的手与砌筑时的即兴发挥，达到对于质量恰如其分的控制，偶然性使得最终呈现的建筑更加鲜活，直奔目的而大体不差。和园林给人的谦和印象不同，他的作品绝不唯唯诺诺瞻前顾后——毋宁夸张也不甘屈就，完美融合了“力量、实用性和情感”。

对于普奖评委着力强调的这些特征而言，巨大的“中国猜想”和它对于人类的意义本身比这些特征的字面含义更重要：“对过去和现下的关系的追问来得恰当其时，因为中国城市化的近期进程带来了这样的讨论，那就是它的建筑是应该植根于传统之中，还是只盯着将来。”的确，在中国语境下，王澍狂放的作品至少象征着中国园林的现状，理想与矛盾并存：巨大齐一的墙体上掏出了同样巨大的洞，在这奇景面前，游客难免生出想要看个究竟的冲动，却又会在这种冲动下不禁忘记它究竟是什么，转而陷入另一种思索之中。他的象山校园确实有这样的“洞”，也是一扇面朝远山的巨窗，但它到底是直面现实，还是对现实的逃避？以个人化的姿态，王澍超越了这种使人尴尬的讨论，毕竟，这样的“洞”还是将我们的视线引向了远方的某处。

就像拉斐尔前派的艺术家声称在中世纪的传统中找到了20世纪的秘密，工艺美术运动的倡导者认为回到手工艺时代能拯救现代人，王澍就厌恶“工程师式的建筑”，“更喜爱工匠的态度”。宁波博物馆的“瓦爿墙”取材自他惯用的旧砖瓦，使用了他重新发明的“竹条模板混凝土”，结合间隔3米的明暗混凝土托梁体系等新技术，又依托了钢筋混凝土墙和新型轻质材料的空腔。除了节能、富于地域文化特色等西方建筑也有的说辞，他更看重的是砖、瓦、陶片等自然材料，它们会呼吸，是“活的”。这种“活”首先是一种心理感受，是特定的质感和色彩。这些自然材料“容易和草木自然结合，产生一种和谐沉静的气氛”，也容易和江南地域存在感发生确定的物性关系。回收的旧砖瓦，承载着几十年甚至上百年的历史，“活”的另一层意义，就在于实在的“对时间的保存”：

可以想象，就像中国园林的建造，宁波博物馆特殊的材料做法使它已经变成了有生命的环境，需要滋养，于是我们可以把建筑当作植物对待。它刚建成的时候肯定不是它状态最好的时刻，10年后，当“瓦爿墙”布满青苔，甚至长出几簇灌木，它就真正融入了时间和历史。[61]

这些建筑材料的修辞真的如此独特吗？独特到它们令建筑一下子便获得了生命，而无须对建筑的实际稍作讨论？——毕竟，

李兴钢，《瘦漏透皱2号》，乐高颗粒，200cm × 150cm × 100cm，2008

和贝聿铭的苏州作品一样，建筑师在这里讨论的也是一座博物馆。但有一点不错，那就是王澍看到了在普遍性的西方建筑体系下，中国正在失去关于生活价值的自主判断。在这个意义上，反（西方）建筑学的机制以及不按行业惯例出牌的建筑策略，都是王澍的一种反抗。既从属于自然又是一种难以精确加工的建筑类型的“假山石”，抵抗着令世界成为坐标和参数的笛卡尔空间，在他口中，树木与池水无不都是这样一种“难以度量”的东西，它们不可设计，却令建筑师着迷，但假山还可以操作，园林中真正难以度量的事物其实是植物。[62]它们不是原则、方法，而是表达了面对这个世界时一种截然不同的态度：

近年来，我提出“重建一种当代中国本土建筑学”的主张……意味着从当代现实与观念出发，首先取决于以自然之道为约束的人文地理和以“山”、“水”为沉思对象的景观诗学为背景，重新审视熟悉的建筑学体系。对“自然之道”的认识与体验，将重新成为设计与建造活动的出发点。[63]

字面意义上的园林不再重要了。以园林之法建造、理解的建

筑本身已经表达了“介于自然与人类之间”的观念：

> ……两层以上，建筑开裂，微微倾斜，演变成抽象的山体。这种形体的变化使建筑整体呈微微向南滑动的态势，场地北部为一片水域，建筑因而具有刚从水中上岸的意向……传统中国关于“山”、“水”与建筑关系的美学被有深度地重新转化了。[64]

园林本身甚至也不存在了，借由模糊的“园林”术语，慢慢浮现出一种对于中国当代本土建筑的憧憬，它是建筑师幻想中看不见的宋代画家李唐的《万壑松风图》，或者借用中国文艺批评常用的话，是一种既具体、含混又无形的“气象”，这种气象与建筑师反对的西方建筑的抽象、明晰和逻辑相对。但不得不说，又是（西方）建筑学拯救了王澍口中的中国园林，只有在把建筑城市整体作为观想对象的新的时代语境中，这种理论才能得到一定程度的共鸣。

我们可以看到，处于类似矛盾中的中西方设计师面对的挑战并无不同，“文化”相对主义的迷咒似乎已经作用不大了。出席北京园博会的法国著名景观设计师克里斯托弗·吉鲁特认为：“西方景观设计的透视图法和东方的内省技法在景观构型上的差别已不那么明显。”[65]吉鲁特所言非虚，首先是当代人的生活习性越来越接近，文化资本的流动造成了生活实践的扁平化，“太阳底下无新事物”代替“创造性”变成了一种普遍现象。至少，来自“东方”的设计师早已自觉地追随广谱的设计方法论。[66]所有推崇古为今用的园林建筑师都会承认，由于他们大学时所受的勒·柯布西耶与弗兰克·劳埃德·赖特等人的基础教育，他们难免在以后的设计中借鉴西方建筑手法和构造手段，更有甚者，建筑师“所面对的以城市化为核心的大量问题已经不是中国建筑传统可以自然消化的，例如，巨构建筑与高层建筑的建造，复杂的城市交通体系与基础设施的建造”。[67]

在看到这种矛盾时，王澍警告那些有样学样拾起“中国园林”的年轻后来者——和王澍不同，他们其实不曾在中国古典园林所依托的文化中生活过，更谈不上有童寯和陈从周这样的老师。在他看来，“在过去二十年的中国建筑学史中，‘园林’从一种被先锋建筑师厌倦的对象变成一种被过度借用的对象……”而事实上，园林“是最容易生产陈腐意义的中国建筑陷阱之一”。和彼得·沃克的告诫如出一辙，王澍强调，当代建筑学“更间接，固定的建筑意义还在生成之中”。[68]

所以你不得不拾起“中国园林”，然后又忘记它。向它致敬，又用它所不具备的力量将其瓦解。频频寄意于自然又不得不承认，我们今日对园林的思慕，也许是一种永无止境又时常被摧折的幻想。理想中自然山水间诗意生活的重建，反而存在于和那些使人不安的现实紧张的对峙之中。

刘丹，《冠云峰》（局部），215×138c
纸本水墨，2016

5

* * * * * *

现实的和想象的

我常觉得这中间有着宿命的味道：仿佛这古园就是为了等我，而历尽沧桑在那儿等待了四百多年……在满园弥漫的沉静光芒中，一个人更容易看到时间，并看见自己的身影。

——史铁生《我与地坛》

显然，园林不能仅仅是上面提到的那些“设计师”的事情。要不然，我在一开始提到的茶山的风景就失去了它们存在的基础。精英阶层的享受什么时候变成了大众的日常消遣，大多数“园林”又是何时都改口叫“公园”了？

改变不是理论上的，而是已经成为事实。随着1912年中华民国的成立与帝制的终结，遮掩园林内风光的那种力量突然减弱了。大量原来属于皇室、宗室以及富绅私产的园林，现在对外开放了，它们是苏州那些园林成为博物馆的先声，从那以后，普通人也有资格享受林泉之美了——然而，这些传统园林容不下蜂拥而至的所有人，“传统”一路走来，有些气味也已经悄然改变……历史的足迹貌似是不甚连续的，仿佛只有这样，历史才得以顺利前行。

每当盛夏时节，北京的大街上总是有些酷热难耐。可是当艺术史家巫鸿走进紫竹院公园的大铁门，却仿佛走进了另外一个世界。这里大部分人都是来“养生”的（尤其是在早上6点到9点）。这个出自庄子的文雅词语，今天的内涵已经发生了巨大变化，其中既有技术含量又有消闲趣味，甚至非常“娱乐”。公园里是不消停的，基本没有清静的角落，和它的名字也不大般配。进入公园之后，水边山坡、开阔空地、竹林深处，到处都进行着多彩多姿的“活动”：唱歌、唱戏、吹葫芦笙（也是一种养生方式）、交谊舞、踢踏舞、红绸舞、现代舞、扇子舞、踢毽子、抖空竹、跳绳、耍钢圈，还有些人在练习传统武术，像打拳、舞刀、舞剑以及练太极云手。他们甚至还会集体大喊大叫——据说也有“养生”作用。[1]这的的确确已经是一座“人民公园”：

在旧中国从来没有为劳动人民创造过完善的文化娱乐设备，但在一天的劳动后，人民也喜欢聚集在简陋的小茶馆中听说书，唱戏或在空旷的草地上看武术、变戏法，有的人在荒芜的水草边钓鱼或者在树下石桌上下棋，至于儿童则从来没有过专用的游玩的环境。[2]

在《园林艺术及园林设计》中，现代园林学科代表人物之一的孙筱祥已经将公园、植物园和动物园这三种现代的“园林”相提并论。而位于西二环和西三环之间的紫竹院，就是这样一座北京的“现代园林”，它占地面积45.73万平方米，分散的水面约占三分之一，这里的竹林更是远近闻名。虽然是北京“十大公园”之一，紫竹院却和新建的公园不同，它绝不惹眼、时髦，既有自己清晰的历史脉络，也是一个轻松且没有明显“高等文化”印记的地方。

邻近老城区、高校、文化机构以及诸多名胜古迹，但是和政治、学术、艺术、设计又都有距离，紫竹院公园说明了中国园林中另一种潜藏的线索，坦白了它所能安放的当代生活更迫切的需求。事实上，它老早就叫“紫竹院”了，诱人的风景里更是不乏丰厚的地方记忆，但它和茶山的无名花园一脉相承，紫竹院的文化意义潜行在广阔的现实中，它说明了“活着的”那些中国园林余绪的影响所在。就像“校园”一样，“园”日益变成一种生活方式的隐喻，而不是哪一种特定的建筑式样。“园”可以是一个一般性的名词，犹如“戏园”“茶园”，大家甚至还常以“某园”称呼普通旅馆，命名大众浴室，给酒楼贴金，美化实际情况寒碜得多的商业楼盘。这已经是今日中国甚至整个东亚文化圈都能心领神会的内涵。

不是“高等文化”，也不都是“高雅艺术”，通俗却也未必平易近人，只要有市场需求，传统文人艺术的精致余绪不一定就甘心走向消亡，而是会化身为这样那样的“风俗”。园林即使是戏剧中虚托的舞台，也无法避免上演真正的戏剧，变成“意义有争议的场所”。优秀传统文化的传承与复兴需要借助新的现代形式，于是原本的私人艺术也可以成为大众关切的领域，通俗的情感或诉求有时也不妨成为新的时代标准。如果你在一个中国朋友的家里喝过茶，耐着性子，听他讲过真真假假的茶道故事，欣赏或者欣赏不了他敝帚自珍的各路茶器，你就会明白这种现象的两面。

一切难免有了浓郁的反讽意味，但这并非在一夜之间突然发生，具有传统文人意趣的园林，本来就是由彼此的轻看和争议开始的，现实的紫竹林中早就充满了喧嚣。[3]

在这个意义上，我们理解“当代园林”的方式正好得以改写：一般都以为生活只是泥沙俱下的“培养基”，文化才是终点，是那粪土之中开出的奇葩，可在被各种人错解的“当代园林”中，一切正好颠倒过来，注定分歧的理念才是开始，而富于包容的生活本身却唱了全本大戏。

现世中的幻想

尽管并不否认园林也是一种“物质文化”，但我们通常很忌讳提起园林使人愉悦的另外一面——继香山饭店之后，真真假假的“中国园林”已经成了最高档酒店的标配。那不是简单的“身心愉悦”，而是先由“身”再及“心”的快乐。其实，不管是哈德良的别业还是路易十四的凡尔赛宫，它们起初的首要功能都是用来享乐的，享乐就是享乐，无关弃绝尘嚣的妙理——对于拥挤都市里的现代人而言，“中国园林”尤其成了一种奢侈的追求。

园林难久，但笑声长存：“陈王昔时宴平乐，斗酒十千恣欢谑。”（李白《将进酒》）至少在后世历史学家的想象中，山水文化兴起和成熟时，无论园林宴游生活背后蕴藏的价值和今天有多么大的差异，它所传递的都是一种足以使人欣快的正面情绪。

园林一旦确立了独立的身份，千百年来就和这种愉悦密不可分，到唐代“高氏林亭”中的聚会发生时，[4]游赏之趣已经是一部世俗生活的百科全书了。且看“初唐四杰”之一的大诗人陈子昂如何看待这场在洛阳一个中层官员私园中的欢宴：

夫天下良辰美景，园林池观，古来游宴欢娱众矣……岂如光华启旦，朝野资欢……列珍馐于绮席，珠翠琅玕；奏丝管于芳园，秦筝赵瑟。冠缨济济，多延戚里之宾；鸾凤锵锵，自有文雄之客，总都畿而写望，通汉苑之楼台。控伊洛而斜□，临神仙之浦溆。则有都人士女，侠客游童。出金市而连镳，入铜街而结驷。香车绣毂，罗绮生风；宝盖雕鞍，珠玑耀日。

——《晦日宴高氏林亭并序》

如果仅仅按后世品评“雅文化”“少就是多”的标准来看，这段文字大部分都需要剪裁，但就园林游赏所涉及的方方面面而言，它谈到的珍馐绮席、芳园丝管都不是题外话。与此同时，位于郊外的这座园林和它所在城市的一般关系，也只有在同游者政治身份的牵连中才能看得更清楚。事实上，中国园林史的大部分时段，“园林之乐”都并不局限于围墙之内，也不囿于不食人间烟火的清赏。按照道德训诫的眼光，这场“主第簪缨满……欢娱方未极”的欢宴并不适宜高调弘扬；与诗人同游者留下的同题作品，证明“门邀千里驭”的雅集对吟，也不过是同人作句的俗套，似乎远不如同一个诗人“念天地之悠悠”的感喟更值得流传千载。

它更像一场难得的狂欢，难得无须奉公与宵禁的小官吏们，在这一天得以游逸于城市的日常秩序之外。“日落山亭晚，雷送七香车”，周彦昭诗句中偶然记录的细节，为我们复原了一个中古园林中真实的生活断片。我们仿佛看到华灯初上，高氏林园门前聚集了大批的奴子和婢女，正等待着他们显贵主人的晚归，好结束这千年之前的园林一日。贵为卫尉、溢美堪比石崇的高氏，其实不过是个品级不高的武官，但在诗中，他的甲第林亭却好像可以真的追步金谷园的主人。

唐人在正月晦日游赏宴饮蔚然成风：“都人士女每至正月半

后，各乘车跨马，供帐于园圃或郊野中，为探春之宴。”（《开元天宝遗事》）可以猜想，大量唐诗中提到的“山亭”“池亭”“林亭”乃至“园亭”，并不仅仅是偶然命名的闲用一隅，如同我在茶山看到的那座小小的建筑物，“亭”本身的建筑样式未必有什么特别之处，不过是一种游乐场所的泛指，它的含义慢慢在此时逐渐确定、普及，以至于成了园林全体的代表，在唐人的生活中时常出现：

京洛皇居，芳禊春余。影媚元巳，和风上除。云开翠帟，水鹜鲜居。林渚萦映，烟霞卷舒。花飘粉蝶，藻跃文鱼。沿波式宴，其乐只且。

——崔知贤《三月三日宴王明府山亭（得鱼字）》

在制式诗文的填空题后面，园林到底是什么已经不太重要，借用王澍的描述方式，完全爱上这种生活的城市乃至它所指向的全面的社会风尚，已经变成了富于主体意识的、满溢外在的世道和“气象”。不像后世园林的内向和隐秘，这种“造境”始终积极地向外求取，由方寸之“亭”，流曳摇摆于大千世界之中。

如果不拘于苏州园林的定式，用同样的眼光去观察今天各种令人目眩神迷的逸乐，你会发现它们往往与数千年前的园林有着同样的“内核”——虽然它们的外表并不总是含蓄、古朴与高雅的。你若去过今日的西安，也就是昔日的长安，会发现随处可见各种为满足现代需要建起的“唐风”园林，在这里，物质消费的热潮甚至远胜唐朝，不眠的火树银花也远超过去的晦日与元夜。

虽然这些生生造出的“古代”充溢着太多的声色，巨大的尺度使人望而生畏，但它们和最初的“园林”并非没有粘连之处。如果一定要用某种西方术语来描述，这种夸张、极尽能事、戏剧性的空间表现，也许是巴洛克式和“手法主义”的，至少其中有着类似的情感特征。

你会看到，一旦园林调动起这种动人心魄的奇幻力量，就并不总是遵循着庄重端正的中道。事实上，“引人入胜”和“如诗如梦”两种机制总是形影不离。以叠石传统为例，它可以是山川入怀、大气磅礴的，也可以是波诡云谲的。同在西安，大清真寺屋檐下山石的“银鼠竞攀”就是夸张到极致的，这种风格像极了我在布拉格城堡下与都灵的波河畔看到的“西洋山子”，有人付之一笑，有人困惑不解。[5]它彰显的应当是一种共通的兴趣，设计者试图把自然以人的奇特秩序与审美加以改造，但又保留室内舞台所没有的“自然”，包括真实的天气、光线以及更多的看客。而后一点，可能启发了电影导演张艺谋在中国各处风景中搭建的室外剧院——一种“印象”山水。[6]

这或许印证了英国作家霍勒斯·沃波尔的那句名言：

他越过藩篱，看到整个自然都是一座园林。

只不过，今日这样的园林绝不可能只迎合园主人一人的心意。既然代表的是人的意志对世界的征服，它就必然充满人类社会的种种。在全面收缩到拥挤的城市促狭的街区以后，“中国园林”终于推倒园墙，有了重新扩展其领域的机遇，它期待用“景观建筑”这一工具去雕刻大地的表面，令整个世界都可以成为一种盆景。这种做法原本对散淡的中国文人有刻意之嫌，他们未免力有不逮，但营造今日之“艮岳”，既可借助往日想象不到的机械手段使难度大大降低，今天人们也早已不再追逐过去的繁缛风格，而且建造时还可以在剪辑中进行各种“合成”。2017年，北京郊区新建了一座“松美术馆”，它的幕后是电影界的几位名人，他们的现代园林既像一幕巨大的舞台布景，又像是园林化的展览空间，但“画幅”却远比贝聿铭的园墙大得多。

当然，这一切的前提是大多数人都已经忘却了真实的城市，疏远了真实的风景。后者即使还存在，也已经在每个人的手机图库里抽象成了一种跨时空的剧情，又因媒体通俗之力，反而拥有了普遍性的“共情”基础。比如我们在篇首提到的《牡丹亭》，尽管它的故事脍炙人口，但很少有人真的知道其中的唐代城市在现实中到底是什么样。大部分人都耽溺于高分辨率的现代古装电影与电视剧，就是好奇，也不惮费力去辨认面目模糊的考古遗址了。汤显祖早已误解了白居易诗歌中的“牡丹庭”，从“庭”到“亭”，一字之差，却是完全不同的空间建制，戏剧最初诞生的语境就与此有关。[7]与此同时，他的剧本也不断被后世的演出者改编，而“如诗如梦”的园林也已经被移植到了西式的舞台，或是张艺谋“实景剧”式样的真实山水之中。距今不过五百年，他故乡的“玉茗堂”——《牡丹亭》首演的真实剧场环境，今日的观众已经无从想象了。

对园林来说，难御外物之“变”可能是一种缺憾，却也可能别有深意。它暗示着另一种“自然”，若想寻得，只有到广阔的社会戏剧中去寻求，而且不能计较现世道德之得失。园林变成了一种心理上的风景，《牡丹亭》中的《游园》《惊梦》并不需要真实的舞台，演员的动作和观众的心理中已藏着中国人倍感亲切的“共情”：“如花美眷，似水流年。”就如同文字层面的上林苑有别于现实中的上林苑，这种心理上的强大原型，反而塑造出另一个有着更顽强生命力的中国园林，并且经久不衰。

至迟在“中国园林”的“成熟”阶段，这种“共情”已经演

桂林旧县。在桂林秀美的山水面前，日常农作和普通建筑都显得格外入画。高伟提供

绎成了一种“如诗如梦”的人生体悟。和笑看灯火晚景的唐人心绪不尽相同，近世的园林带来的体悟不都是积极、平正与豪放的，也可能是消极、无常和戏剧性的，如此“深眷”——叶圣陶形容他和苏州园林感情的词语，一个中学生怕是不能充分领悟。据传，在英法联军火烧圆明园之前不久，咸丰皇帝仓皇逃到了他的另一座园林——位于热河承德的“避暑山庄”之中，又惊又恨。就在生命的最后时刻，他连续听了《牡丹亭》中的《游园》《惊梦》两出戏，然后一命归天。园林虽小，却牵动着无数人的离恨别愁，贵为天子也不例外，凡人能在园林中找到的“深眷”，可能更是如此。

到了清代，园林依然是一个和戏剧空间紧密联系的意象，观众和演员同处在一个空间近在咫尺的“戏园子”中，没有特别逼真的布景，甚至毫无布景。只靠大家都熟悉的程式化剧本，一种看不见的“园林”就已经在室内建立起来。在西方戏剧尤其是电影这种依赖于单向观看的媒体传入之后，“间离空间”（Verfremdungseffekt，或者 Distancing effect）[8]的生疏感，带走了一部分这样的心理深度。园林的这种深度本不依赖透视性的视觉幻景，而是深植在空间要素的关系本身所能激发的意义中。

什么样的心理造境，才是近代园林建筑持久的特征?《扬州画舫录》中有一个故事提示得非常生动：“俱极珍美”的酒肴诗筵后，古旧的绿琉璃厅中，没齿秃发、八九十岁的老乐工首先登场，这是欲扬先抑。“倏忽间”屏门打开，后面居然有两进绮楼与千盏红灯，而且伴着“十五六岁妙年”青春男女的盛大歌咏。这种如同“迷楼”“镜厅”一般的空间奇局，在最早游幸扬州的隋炀帝那里已经开始。[9]我们其实并不确定，瑰丽至极的园林手法在道德上是否正当，但是园林一旦和悲剧性的历史联系在一起，骄奢淫逸的帝王一朝身死，甚至没落的政治、经济导致王朝覆灭，以园林知名的古城如扬州，就成了一座使人叹惋的城市，难以释怀但绝不值得效仿。

20世纪80年代以来，伴随着对中国传统文化的新一轮大讨论，王毅的《园林与中国文化》一书提出了和童寯等人完全不同的观点。由于上述那些批判意识，王毅倾向于对围绕园林错综复杂的“文化”悲观地予以否定。他认为，不管这些心绪千百年来撩拨起了多么浓烈的感性，它都是一种文人士大夫文化趋于没落、缺乏生命力的表现，明清园林在周维权看来是中国园林体系的“成熟”，在他看来却是“终结”：“清中叶之后，当传统文化连最后‘盛世’的门面渐渐也支撑不下去的时候，园林艺术也就愈见出猥琐之态……”[10]但是他未能预言，在他的著作出版后不久这种文化为何又得以复兴，甚至比过去有过之而无不及。事实上，至少是从社会实践的层面来说，只要池塘里有足够的腐质，浊水里也会开满清艳耀目的荷花。

无论历代的园林文化是否有内在的连续，园林都是一种极为丰富的“被（持续）表达”的对象，也是“意义有争议”的对象。除了文学，视觉艺术也不遑多让，而且在当代受到更热烈的追捧。

寄名“园林”的艺术，无论是传统样式的绘画还是先锋艺术家的大胆实验，都在上一个二十年中国艺术的黄金时代卖出了好价，比起现实中遭受的冷遇，艺术中的“古典”大有死而复生的快感。

是的，王维的辋川别业早已像高氏林亭一样湮灭无踪，但《辋川图》却在他身后留了下来。《辋川图》与辋川诗并称，涵盖辋川二十景：孟城坳、华子冈、文杏馆、斤竹岭、鹿柴、木兰柴、茱萸沜、宫槐陌、临湖亭、欹湖、柳浪、金屑泉、白石滩、竹里馆、辛夷坞、漆园、椒园……在今天一些餐馆的墙壁上，你甚至还能不经意间看到它的身影。据说，《辋川图》本是王维晚年隐居辋川时在清源寺壁上所作，唐代的张彦远在《历代名画记》一书中记载了这件事，还称其“笔力雄壮”。现在人们能够见到的《辋川图》纸本，或者是后来的摹本，或者是他人的托名之作，不同版本的《辋川图》流传各地，就连大英图书馆、西雅图艺术博物馆都有收藏。

我也曾驱车前往陕西省蓝田县境内的辋川山谷，欲探访“辋川别业”的遗迹而不可得。后来看到不止一个版本的《辋川图》，我才恍然大悟，无论传世的《辋川图》所示和真实的辋川究竟有几分相似，它业已开创了把物理存在和一类普泛的视觉表达联系在一起的传统，就和我们习惯用“印象派”的唐诗笼统地歌咏眼前景物一样。被讹传改制得越多，《辋川图》的面貌就越是趋于一种诠释的“中值”，因为它要把不同时代诸多对于园林的寄托都囊括其中，无尽的空间由此融入了绵长的时间。我们习见的《辋川图》是青绿山水手卷，至少在王维的时代，这种视觉样式还断然没有发展得如此成熟。但是，比起只能着力于描绘一堵或者数堵墙壁的壁画山水，可以徐徐展开阅赏的手卷，确实是更适合文人托名“辋川”的视觉表达形式。

后世著名的园林图绘大多受到这种范式的强烈影响，为了追求心理“真实”而放弃了现代人习惯的照片之“实”。它们不是现代人习惯的“窗口”画，而是将原本可能在各个方向展开的园林现境予以“破解”，折叠、拉伸，进而重组为另一种狭长绵延的图画空间，或者编织为连环重叠的册页。明万历年间新安汪氏环翠堂刊印的《环翠堂园景图》、文徵明的《拙政园图》，以及我们前面提及的清代麟庆的《鸿雪因缘图记》，无论是以版画、绢本还是“连环画”的形式流传，大致都遵循着这样一种内在逻辑：以小见大。

这些图绘宽不过一几，长不过一人双手能够展开的尺寸。一旦置身于这样的绘画样式之中，你便看不到我喜欢的那老照片里的园中人了，米粒大小的人物脸上不会有任何直观的表情，甚至图中园林和真实园林的空间结构也很难一一对应。然而，园林图画的好处是可以更准确地传达造园者想要营造的境界，表现出一种特出的“文心”。对于一个现代人而言，在风景扑面而来的小园里，繁茂的枝叶与流动的水面就像未经剪辑的电影画面，“文心”反而是很难被察觉到的。

但这并不是说中国古典园林就都是一轴轴山水画卷，至少唐代以前的“山水”图绘就常被裱糊在屏风上，图画的“空间”又在具体的空间中，既受制于各种可以施以丹朱的室内表面，又受制于总体的室内氛围。很有可能，画在清源寺粉壁上的辋川，就是另外一种图画和真实的关系。[11]中国艺术史家高居翰认为，即使在中国古代晚期的艺术中，也有更加接近真实的另类表达。比如晚明苏州画家张宏的《止园图》，便是他本于吴亮在常州建造的止园实景所作。艺术家将观察自然的心得融入作画过程中，创造出一套表现自然形象的新法则，予人一种超越时空的可信感。[12]“《止园图》的创新之处，是在继承册页传统的基础上，融合了手卷和单幅的优点：既着重描绘各处景致，又注意保持前后各景的连续，还专门展示出止园的全貌。”[13]就像园林实景中有漫步、系列景点的游历和一处凝视，《止园图》的图画空间是手卷、册页和单幅三类不同绘画形式的融合。[14]

除了生动地再现曾经存在过的，说明曾经存在但鲜为人知的，视觉图绘还凸显了中国园林和文学艺术互相依存的关系。没有“再现”也就没有这种经意的空间意匠，正如有了描绘“八景”“十景”的艺术传统，然后才有现实中的“八景”“十景”乃至“拙政园十二景”“圆明园四十景”，其实特定的感受方式也可能导致特定的设计手法：“集锦园林”也就是“集景园林”。

写到此处，我的读者们也许会想起现代建筑师（比如王澍）与立体画艺术家对于宋代山水画的频繁征引，也正是基于这样一种古老的传统——“观法”与“画法”有关，不一样的“画法”

本页及下页图：张宏，《止园图》，明天启七年（1627），38.74cm×41.28cm，photograph courtesy of Museum Associates/LACMA

才导致了“营造法”不断推陈出新。与此相对的一种现象是，现实中不存在的园林也可以入画，甚至胜似人间之景。比如在敦煌莫高窟的壁画中，我们就可以看到让人惊诧的净土园林，但这种园林其实只存在于幻想中。[15]

佛教本是一种来自印度的外来宗教，早期佛教徒的苦行生活也与中土黎庶的日常感性格格不入。但经过魏晋南北朝的山水淘

洗之后，它在中国有了诸多属于自己的“场所”，除了别具中国特色的寺庙建筑，还有山水与名庭中的极乐世界。从典型的“净土经变图”——比如在敦煌第217窟北壁的《观无量寿经变》中，我们就可以看到凭临于大片水池之上的亭台殿宇，它们彼此之间还有水上回廊相连。在主殿前方的平台上，居中为结跏趺坐于莲花宝座之上的主尊阿弥陀佛，佛陀左右各有胁侍菩萨两身。佛陀开坛讲经，众菩萨环侍四周，或在主殿两旁的偏殿中，或在园林的游廊里。这一时期的寺庙建筑虽也左右对称，但事实上多是重门叠院的闭合空间，而在“净土经变图”中，我们感受最鲜明的，是横亘于眼前的一座盛大的水上“舞台”。

在整体构图上，《观无量寿经变》呈现的空间是直观的，但它蕴藏的思想却远非眼前一座可见的园林所能概括。事实上，融汇在幻想中的净土世界是靠园林里纷繁的细节逐一传达给信众的。画面分为上方虚空段，中上方宝树段，中部三尊段，中下方七宝池段，下方宝地段，天、树、像、水、地这些景观要素，赋予了各自含义和特定的层级关系，合在一起，构成了一个完整的佛教宇宙象征体系。

值得一提的，是揭示这特殊园林“看法”的“十六观”。这是东晋时的高僧，同时也是中国园林传统开创者之一的慧远《观无量寿经》一书的要义。作为一种佛教修行的法门，“十六观”包括日想观、水想观、地想观、宝树观、宝池观、宝楼观，等等，从一开始，它就像一种特殊的“建筑法”，既包括所营造建筑的总体结构，也顾及了种种令人瞠目的细节，如日光明，如冰映彻，如琉璃地，如七宝芳林，“八功德水”中，升起六十亿朵莲花。它不仅使园林中的伎乐、华座与宝器全都有了意义，还导引着观者的想象，把“观看”本身变成了一种修行。莲花开时，数不尽的光色自这幻想的园林中升起，就仿佛是洞然了一切众生的苦乐烦恼。[16]

对中国当代园林感兴趣的观众，站在敦煌壁画前说说笑笑，绝没有那般的宗教虔诚，而对《观无量寿经变》的观众而言，此间的园林却绝非虚设。既然“所画”“所观”“所造”“所感”能以这种方式联系在一起，当代再画、再观、再造、再感“活的中国园林”就有了不二法门。新时代有什么可以替代这种信仰狂热，使人们以另一种方式耽于幻想？沉浸在这种幻想中的人，应与敦煌禅窟中的信众“心理攸同”。

事实上，园林也是一种现世中的幻想。

如画的园林

有的人能把梦变成现实。

因为爱尔兰诗人叶芝的一首诗，茵斯芙雷这个地名如今早已尽人皆知，它同时也为落脚在美国纽约州密尔布鲁克的一对美国夫妇的“中国园林”带去了灵感。从哈德逊河畔的小城波基普西一路向东，正像《桃花源记》所说，路边密林之中“若有光”，之后便豁然开朗，一个大约9万平方米的湖泊映入眼帘，而环绕湖泊的，是一个占地约66万平方米的花园。

茵斯芙雷花园，作者摄于2014年

茵斯芙雷最早只是纽约州一个普通的林场。我们故事的主角是贝克夫妇，男主角是个怀才不遇的艺术家，女主角则因为继承了一大笔遗产，有着一般人难以想象的物质条件，此外她还有着丰富的植物学知识。有一天，他们决意在平静的生活里搞出点儿什么名堂，就从改造贝克夫人继承的别业开始。他们并不想打造一座风格陈旧的文艺复兴式的府邸，那会和当地的自然山水格格不入，于是他们决定去趟英国，到旧世界"如画"风格的景观策源地寻找灵感。可到1930年左右，两个人忽然改变了主意，原因是他们途中邂逅了一个陌生的设计师，这个人来自中国，是个画家。他们不一定记得，这个中国人叫王维。

贝克夫妇当时在伦敦的图书馆——很可能就是收藏《辋川图》其中一个版本的大英图书馆，看到了这幅画。他们很快返回美国，并推翻了此前的所有打算，在那以后，他们动手建起了如今这个趣味盎然的世外桃源：它以爱尔兰诗人的诗句命名，却是老贝克想象中的一座“中国花园”。

把一幅并不十分写实的异国古画变成真实而复杂的“立体画”，连起码的“说明书”都得雇人翻译，一个专业造园师可能都会对此望而却步，可是这些难题并未难倒老贝克，他本来就是一个习惯无师自通的匠人。有了土地与钱，凭着手里几卷植物书和一把测量尺，老贝克开始大胆地把毕生的理想变成现实。他还自创了一个名词——“一杯园”，不过这里的“杯”和中国没什么关系，取的或许只是“杯”小且自成一体之意。无数细小的兴趣点散布在空间里，就像阳光下灰色花岗岩湖岸上闪烁的石英颗粒，与英国式花园单纯而浩大的“如画”形成了映照。

听起来，“一杯园”倒有点儿像中国园林术语中的“造景”，特别是“点景”，它们长于小中窥大，使人见微知著。比较而言，西方园林的手法从来都是线性、连续的，而这种“一点点”地从知觉中涌现出来的“一杯园”，就像被小刀割裂的画布，每一块都是色彩斑斓的碎片，彼此间又没有必然的联系。对他们的邻居而言，这对新英格兰乡下农人的怪异简直难以想象。好在贝克夫妇有钱又任性，他们一度使唤了二十个人来维护这昂贵的私人梦境，但随着他们日渐老去，茵斯芙雷逐渐变得岌岌可危。他们已经预见到，私人的桃源总有一天也会向像我这样好奇的外来者开放。于是，他们安排了茵斯芙雷的后事。

茵斯芙雷迎来了新的“设计师”。贝克夫妇和他们挑中的设计师莱斯特·柯林斯第一次在哈佛大学的讲座上见面时，后者还是个学生，但贝克夫妇慷慨地给了他这次难得的机会，让这个年轻人来延续他们共同的梦想。柯林斯没有辜负两人的好意，他为茵斯芙雷带来了更可靠的关于东方园林的知识，但他对于这处偏僻园林的主要贡献，是从一个专业人员的全局观出发，对老贝克零打碎敲的“一杯园”做了规整清理。湖边新修起一条狭窄但连贯的通路，使这块私人领地更适于游赏，也更加方便养殖和修缮。园林的维护人员最终降到五个，门票就在入口处的石台边由志愿者现场发放。柯林斯拯救了老贝克的作品，但它今日增加的几分“公园”的气味，两位口味独特的东方园林爱好者如果还活着，恐怕也很难满意。

柯林斯后来一路做到哈佛大学设计学院的系主任，成了这个故事里继王维之后第四个重要的角色。我们对此并不感到十分惊讶，而他当时任教的专业，也就是后来引进中国并引起热烈讨论的“景观建筑学”。

贝克夫妇造园的时候，西方世界和王维的故乡仍然缺乏交流，他们可能做梦都没有想过有朝一日能造访中国，而大都会艺术博物馆的中国花园还要三十年才能建成；老贝克1954年去世，享年九十岁，贝克夫人比他多活了五年。到了走不动的时候，老太太就一个人坐在轮椅上，日日静观这个由她的伴侣一手打造出来的仙境。他们的“中国园林”，无论如何都是首先为自己存在的。

让我最着迷的，是你很难把老贝克的作品归于哪一类，我们甚至无从猜测他究竟为什么要将其命名为“茵斯芙雷”。老年的叶芝梦想着“驶向拜占庭”，他诗里的很多意象都和爱尔兰无关，例如他早年作品里的“茵斯芙雷”，人们相信，这个词其实反过来受到了新大陆的影响，特别是美国作家梭罗描写隐居生活的《瓦尔登湖》。和叶芝作品里的意象息息相关，瓦尔登湖确有其地，它的所在地接近波士顿，也距新英格兰不远。与此同时，叶芝那时还没去过北美，就像老贝克从未踏上过中国的土地一样：一切都是交叉的想象，却又凑巧得让人叫绝。这一点，还没有哪个“中国园林出口商”能够做到。

在“景观建筑”出尽风头的20世纪后半叶，“中国园林”在本土还谈不上复兴。倒是很多中国艺术家循着贝克夫妇——尽管他们并不相识——的足迹，开始逆向而行。他们喜欢传统，但像贝克夫妇一样，这种喜欢首先是为了自己的生活和创作，为了跳出逐渐装进鸽子笼里的日常，他们为自己营造了一些貌似有中国风实则大多出于新意的“宅园”。在中国，私人就算再有钱也很难拥有一个完全不受外界打扰且有山有湖的庄园，于是他们大多采取的是苏州人的方法，关起门来，在有限的空间里做自己的梦。

老贝克夫妇也做了变通。他们深知自己土地上的植物是王维的画卷中不曾有的，《辋川图》里的大河在密尔布鲁克也不得不变成一个湖泊，但是他们证明了用白松、红橡、白橡和铁杉，配上苔藓、地衣、平泉和瀑布（哪怕它只是用美国农家常见的水管人造的），也能勉强重现一千多年前唐朝诗人所期许的意境。更广义的中国当代的“造园者”也得变通。大多数人或许都能清醒地意识到，自己理解的建筑手段并不比王澍更高明，如同后者说的那样，今天中国所有的建筑与建造体系已经完全西化了。更有甚者，城市里已经找不到那种红尘幽谷的气质，新派的“中国园林”固然有意追求原汁原味，又总让人觉得少了点什么，大约只是因为原来的生活早已形神俱灭。成批加工且由集装箱运来的诗情画意，就如同闹市棋牌屋中摆设的茶具，是勉强装出来的调调，就算有地道的细节也无济于事。对于意识到这些变化的人，重要的不是否认，而是该如何面对这些“杂拌儿”，以及由这种混杂状态带来的某种荒谬意味。

最能说明这种挑战的范例，既不是跻身苏州四大名园之列的拙政园、留园、狮子林、沧浪亭，也不是苏州丝绸科学研究所隔壁，一度被其用作后院的环秀山庄——据说，环秀山庄的叠山举世无双，保存状态也还算良好，但是最近已不能再攀登和靠近了——而是迄今还在被普通人使用、与北京的紫竹院公园十分相像的“艺圃”。“艺圃”位于苏州市阊门内，也是我尤为喜欢的园林。今日你若想去拜访它，甚至很难找到合适的交通工具，公共汽车不能直达，甚至私家车也开不进幽深狭长的巷子，里面没有

苏州艺圃，念祖堂内今设茶社，作者摄于2014年

明显的景点标志，一路走过去，皆是浓浓的日常气味。

虽然其实还是某种文人游戏的产物，但“艺圃”这个名字听起来并不高深莫测，也更像一个有着实际经济意义的农庄。3300平方米的园区，住宅占去了大半，剩下的似乎就只是一个池塘。然而，池水自东南和西南延伸出的水湾，还是会把你带到几个湖石叠山的“园中园”，可登临，可漫步，显得很有层次。这些都还不算，我最喜欢的是园林住宅区临水的水阁，整个园林从阁楼的花窗里映进来，活脱脱像是一幅画。然后，你不用花太多钱，就能在这里坐下来，泡一杯绿茶，嗑嗑瓜子，消磨些许时光。你会发现周围打牌的大多是住在附近的老人，而泡茶用的热水壶也是

苏州艺圃，由垂云峰望念祖堂方向，作者摄于2014年

他们的日常用品。

这显然不是文人园林最初的语境。“纳千顷之汪洋，收四时之烂漫”的效果，并不是为普通人准备的。无论是精心设计的园林，还是修复后呈现的室内陈设，都显示着它们深邃的用意，而这个叫作“念祖堂”（又称博雅堂）的五开间水阁，取的是《诗经·大雅》“王之荩臣，无念尔祖”的意思，堂中月梁上有考究的明代山雾云雕，四只步柱上装饰着类似明代官员“纱帽翅”的木饰，故又俗称“纱帽厅”。然而就是这一整个园林中最富仪式意味的正厅，现在却是生活气息最浓郁的所在，是我在苏州类似空间里的仅见。今天的艺圃其实也是一座“社区公园”，向周边的人们免费

开放，这和紫竹院公园并无两样，所以才会有我们看到的那些嗑瓜子与打牌的场面。除了深埋在社区之中的空间语境，民国初年，这座园林就因为难以为继而作为民房出租。20世纪70年代末，虽然艺圃被列入古典园林修复项目，经过修葺恢复了原貌，但重新开放后，名园坠落人间的红尘气息还是保留了下来。也许这竟是一件好事。

苏州园林之中，艺圃的遭遇并非个例，恐怕这也不是城市主管部门希望看到的。对他们而言，园林之中有了生活，便缺乏了世界遗产应有的“档次”。针对我这样“如今的园林太像博物馆”的抱怨，官方还推出了“园林夜游”活动，试点就在大都会艺术博物馆拷贝过的网师园。于是只要多花些钱，在白天的游人散去之后，你就可以欣赏到稍微安静一点儿的殿春簃，但是，那灯光效果却是类似西安再造的唐风，彩色LED光束映亮的园林，是另一种“姹紫嫣红开遍”。

带着平常的心态，我们可以在古典园林里看到大量新旧之争，高雅融入日常，实用敷衍美感，审美攀附虚荣。尤其是若干扯起“化古为新”大旗的巨型展览纷纷爆红，中国的当代艺术在“85新潮”之后似乎又回到了传统的原点，一夜之间，涌现了无数的“园林艺术家”。就像园林建筑师一般，无论这些艺术家是否自诩“文人”，他们都把自己并不熟悉的园林当作创作对象，好像其中真的藏着什么惊天秘密，可以使他们作品的价值一时飙升。这种中国园林的当代复兴，活泼之中一定也穿插着走向真实生活的

“不拘一格”。

中国艺术家对此也不乏自嘲。当代艺术活动附会的园林“雅集”中，艺术家洪浩看到微妙的“穿帮”以后，就把附庸风雅的艺术圈男女端着红酒与美食的照片，无论中外全都“PS”到了他们常提起的古代宴饮图绘中去，他的展览名为“洪浩之雅集”——“雅集”应该打了引号。摄影艺术家姚璐拍摄合成的“青绿山水”，远看像是平平常常的中国画，走近一瞧，黄色的是工地上飞扬的渣土，青的、绿的是中国城市里到处可见的用聚乙烯等原材料织成的绿色防尘网，观众远观或近看，就会得到古今两种大雅大俗的场景。还有的艺术家明显未能参透园林的高妙，他们“焚琴煮鹤”，把珍贵的太湖石切成碎片，沉入湖底，又把人工培育的盆景套上铁箍，拧上螺栓。粗暴的“现代艺术”就此给另一种古典文化的新俗套打了大大的问号。

在这样一个正谐并存的变革时代——巴尔扎克或许会用“人间喜剧”[17]来概括，仍然有很多艺术家试图穷尽古典园林在当代尚未被揭露的意义。如果把这些艺术家一一列出，也足以拉出一个长长的单子。这些人在为旧文化的标本痴迷的同时，一定也看到了它的局限。就像白居易和王维的园居会有不同选择一样，一部分人选择继续往“里”去，不管园林的幽径是否导向一条不归之路；另外一些人则抱了和王澍一样的希望，要求走出去，用“当代语言去瓦解园林的固有意识”，使古典园林置之死地而后生，重新获得它的当代语境。正是这样，与“园林建筑”相对的，还有“园林艺术”，它不以园林作为表达对象，而是意在“获得一种瓦解固有主流”的价值观与方法论。

早在当代的中国园林热潮兴起之前，木心这一类的“业余画家”已经开始尝试从画幅上拾取比现实更美的青山。就像童寯拜访旧日园林并坐下来研习水彩画一样，这种对于传统的重新认识，首先是从对历史的想象开始的，并不完全受制于眼前，而是一种心、手、眼的共同协作。艺术家的故国江山，不是今天流行起来的高清摄像机里的风景，而是一种“着了魔”的对往事的重现，他们笔下的一切栩栩如生，宛如置身巫术世界。尽管未必去过这些名山大川，但木心给自己的所有画作都起了富于诗意的中国名字。这些名字不能只从字面上理解，只系于艺术家自己的心境：无论是《纠缦卿云》中的苍山峰峦，还是滚滚而过的《榕荫午雷》，笔意中都是一般的巨浪翻滚，即使有“钱塘美人”之称的西湖宝塔，也如老僧、烈士般默默伫立，在沉寂中做出蓄势待发之态。除了拟人化的景物，在木心的作品里是找不到人迹的，仿佛画中的世界已在古老的洪荒里睡去，只能在时光流转的某一刻前醒来。

木心生长于江南园林之乡，一生传奇。他虽然受过极好的中国传统文化教育，却从来没有刻意地依从传统绘画的工具和范式。相反，西方绘画中有种名为“移画印花法”[18]的技法却与他的风景画意紧密相关。在这种绘画技法里，“转置”墨迹是为了创造一种偶然生成的物象，构成“没有前设的物体”，“唯有那里的‘自然’清明而殷勤，亘古如斯地眷顾着那里的‘人’”。[19]

在孤独地创作近三十年后，木心去了纽约，从此演绎了一段一个东方隐士冷眼观察“西洋景”的生活。在那里，艺术家刘丹也开始从包括园林在内的中国风景里重新审视“图像”和“现象”这两种不同的东西。作为一个早年受过良好训练的中国画家，刘丹以园林入画并不让人意外，如他说：“……石头被认为是‘山精湖骨’，文人供石是我绘画的常见主题。”[20]借助这种既有东方文化含义又抽象莫测的题材，他在纽约获得了巨大的声名。但据他自己说，他的绘画所寄意的不一定是某种园林，也不依赖于某一种特定的绘画媒介。他可以从很多物象与不同的艺术传统中得到类似的启示：“我偶然观察到，燃烧的蜡烛不仅仅是火焰，而且是光的现象，是跳跃的火苗投射下来的多种模式与多面图像。”[21]

刘丹常常从不同角度画一块石头，类似于佛教中的“不一不异”。和木心相仿，他把视线由变化的结果转向了变化本身。这或许是他频繁地以园林之物（尤其是太湖石）入画的“缘起”。刘丹不会把园林当成他的创作“主题”或者描摹“对象”，这些石头既不是外物，也不等同于一种纯然的心理抽象，和“借景”的道理一样，它们只是一种“借用的图像”。“画面中，石头上的孔洞为精神思绪的自由漫散提供了更为广阔的空间，从而产生出一种关于时空关系的想象和意识。”[22]太湖石形象本身那变幻莫测的潜力，似乎意味着它让绘画和观看永远处于“开始”状态，并保持开放。它是一种貌似雷同的题材，但可以一遍又一遍地去画、去看，而不致重复。“我选择石头来激发自己的想象。例如，一块沉重的石头在人的内心可以是一片浮云。对我来说，每一块石头都是大自然的缩影。”刘丹说。石头的特殊形状以其制造幻象的力量，将人的双眼从有限的视觉约束中解放出来，增强了人的想象力。[23]

因此，除了在王澍式的“园林建筑”中已被颠覆的笛卡尔空间，“园林艺术”至少还向两个更基本的柏拉图式观念发出了质问。[24]首先是“原型”[25]。对于早已习惯于将其作品称为“画”，展出场所称为“画廊”的艺术家而言，“原型”往往意味着随之而来的再现，也就是叶圣陶所说的“画”对大多数人来说得有个“模特”。然而，如画的园林既是再现的主题又是主题再现的方式，画家修习《画谱》却并不一定写生，向叠山寻求灵感的艺术家也有了他们新的《素园石谱》。[26]

其次，即使仅仅是欣赏园林里一块石头的图绘，也难免会引入比图像来源更广大的东西——它所置身的建筑空间。创作中蕴含的物质世界这一背景，也是“原型”在最初出现时喻示着的人与物的关系，正如白居易和他辛苦从江南带回的“江南之物”的关系，就往往有着特别的社会仪式含义。这一切最终构成了“原型研究”的完整意义，貌似非功利的绘画艺术也和更丰富的生活语境联系在了一起。换句话说，那些想给自己造个园林居所和以园林为创作灵感的艺术家之间，应有不少共通之处。因此，“园林艺术”越过了“抽象”和“具体”原本森严的界限。[27]

在传统文人看来，园林里的假山看起来绝不会“真的像什么”，否则它就不会被叫作假山了，但在类似紫竹院公园那样的语境里，你又会听到普通游客用各式比喻来形容它们。公园中既有“清凉罨秀”“澄碧山房”“揽翠亭”这样由传统命名突显的境界，也不乏“玉女弄箫”“云梦湘妃”那般拟人的具体境界，甚至还有“日月石”“笋剑”以及莲瓣形青白石组成的“青莲台”，一切只为了把四季八节“赋形”在眼前。更不用说，莲湖中间长达八百米的曲折航道可以泛舟，“跨海征东”安顿了中国象棋的爱好者……不过巫鸿在夏日清晨望见的景象，却似乎是这些具有不同含义的景点的设计者未事先考虑在内的。

有时候，抽象可以先于具体存在——两者并存。就像东晋大诗人陶渊明先写了那篇著名的《桃花源记》，而后才有了狮子林的“桃源十八景”以及亦真亦幻的“桃源县”“桃源宾馆”，这叫“梦想照进了现实”。

在多年后再次提及茵斯芙雷时，哈佛景观教授柯林斯说，这不仅是一个独特的有着中国园林概念的花园，更通过六十年的实践，变成了一个美国花园。白居易之弟白行简在《三梦记》中记载了三种不同的梦境，一种是梦变成了现实，一种是现实被梦见，还有一种则是两个梦彼此相通。如果一个物理空间能够同时成就这三种梦境，那真是蔚为大观了。也许，被人们按各自理解表述着的“中国园林”，就是一个这样兼美的所在。

“墨色山水”——朝阳公园广场及阿玛尼公寓建筑群，
图片来源于MAD建筑事务所

6

* * * * * * *

当代中国的中国园林

“我想象它广阔无比，不仅是一些八角凉亭和通幽曲径，而且是由河川、省份和王国组成……包罗过去和将来，在某种意义上甚至牵涉到别的星球。”

——豪尔赫·路易斯·博尔赫斯《小径分岔的花园》

现在，终于可以说到茶山公园之后的事情了，说到本书书名的由来。2007年，我要去德国德累斯顿，在以格哈德·里希特、琥珀珍宝和拉斐尔的《西斯廷圣母》闻名的德国国家艺术收藏馆，做一个独特的当代艺术展，展览的名字就叫“活的中国园林”[1]。在本书开篇我就说过，这个展览的构思由来已久，它旨在以当代人的视角回溯和反思中国古典的园林文化。在准备这个展览的过程中，意外引入的新地点，比如广东，比如我工作与生活的当代中国，其实都不是什么“意外”。更不用说，展览的所在地也极不寻常。这正应了那句话：所有的相遇都是久别重逢。

无论是在时间还是空间上，由德国同行帮我找到的展览场地都是遥远的，但它却是属于“他们”的“我们”，是我们重逢的一位奇怪的旧友。初见是在一个寒冷的冬日下午，离开德累斯顿大约半小时车程，易北河畔一座著名的历史建筑——皮尔尼茨宫[2]赫然出现在我们的视野中，这座建筑也是德累斯顿国家艺术收藏馆的一部分，“强人奥古斯都”的名字与其紧密相连。在登上波兰王位前，奥古斯都二世是神圣罗马帝国的萨克森选帝侯（时称腓特烈·奥古斯都一世，1694年至1733年在位），他不遗余力地将德累斯顿变成了“易北河上的佛罗伦萨”，其名言是“君王通过他的建筑使自己不朽”。

原本，无论德国还是德累斯顿，对我和“中国园林”都是一个疑问，但我却在疑问里发现了惊喜。

别处的中国园林

皮尔尼茨宫及其园林最有趣的地方，是它自身就是18世纪欧洲“中国风”盛行的一个著名实例，它其实是“真的假中国园林”。除了收藏有大量中国瓷器，它还有一部分宫殿建筑和园林景观都号称是“中国式”的——事实上只是巴洛克建筑加上了欧洲建筑师想象中的中国式屋顶——在檐下、室内乃至天花板上，绘满了似是而非的“中国图像”，园中还建有中式风格的花园、宝塔、亭台……

在冠以如此“中国”之称的西洋景中进行展示，明明是把“活的中国园林”“带回”了欧洲，而非“带去”。

包括我们展出场地“山宫”在内的三幢建筑目前都是萨克森州的文物保护单位，它们逃过了1945年盟军那场毁灭性的轰炸，也未被后来蜂拥而至的游客过度破坏，大部分地板依旧不能刮擦，天顶无法像普通画廊那样，打几个钉子好悬挂作品，旧有的陈设（壁画、壁炉、吊灯、门窗）基本保持着原状。据说，现在充作展厅的宫殿原是主人的日常起居室，在用作仓库的另一个大厅里，我还看到昔日猎取的鹿头标本，墙壁上挂满华丽的狩猎工具，使人有对于西洋式皇家奢华的某种遐想。

兴奋劲儿过去之后，我才发现一个巨大的问题。虽然这“中国式”的夏宫既有园林又有生活，但却不大适合进行常规的现代展出。至少，它靠不上我们在现代画廊里习惯的那种格调。事实上，即使严肃的当代中国的“园林艺术家”也已经习惯了“四白落地”的展厅，习惯了在其中只有他们的作品才是当仁不让的主角。某些只看重卓然自立的“作品”的艺术家甚至认为，即使一只瓶子也不应该和其他瓶子一起放在博古架上，如果联系到自然的语境，如同华莱士·史蒂文斯（《坛子的轶事》）或者约翰·济慈（《希腊古瓮颂》）的诗句中歌咏的对象一样，这只瓶子应该丢落在时间的大荒之中才好——在这里“作者”依然是极为强势的。

不像卢浮宫这样的巴洛克建筑有着轩敞高大的空间可用于公共展示，“山宫”的大部分房间都相对窄小，除去中央大厅和宴会厅，部分展厅不过二三十平方米大小，这就大大限制了展品的数目与尺寸；此外，建筑房间厢式的零散布局，也削弱了展示空间的整体感，加上对于门廊窗户等参观路线的节点，德方有着公共安全、防火规范等一系列限制条件，这一切使得通常展览场所能轻易做到的一些布置变得十分困难。

此外，还有一个我原先不曾多想的问题困扰着我，那就是（似乎是不言而喻的）古典“园林”和（如今是不可避免的）当代“展示”的关系到底是什么？对于习惯关上门唱戏的人而言，这好像是个多余的问题，然而作为一个“导演”，我在这僻静的郊外想到的第一个问题，不是如何演戏，而是会有谁来看戏？他们又想

下页对开图

“活的中国园林”展览入口处，德累斯顿德国国家艺术收藏馆，2008年。可见艺术家展望的作品《假·山石》和背景中的“华风”绘画。银色的窗贴试图通过光影的变化在德国建筑中产生出中国园林的氛围

要看什么？

除了“真的假”，我们还要“弄假成真”，在当代的异国语境里变化出“假的真”。

问题和解决问题的线索都依稀写在这座夏宫的壁画上——从1245年罗马教皇英诺森四世派遣西班牙方济各会会士若望·柏郎嘉宾到蒙古汗国的上都传教开始，西方人似乎就已经分不清农耕的汉人和游牧的鞑靼人的区别，英国诗人柯勒律治梦中的中国园林是充满了冰窟和洞穴的香格里拉，选帝侯奥古斯都看到的或许稍稍靠谱些，但装饰宫殿的也不过是些有着欧洲人面相的日本人。后来，我在德累斯顿大街小巷寻找中国餐馆就餐时，还经常从餐馆拿来垫桌的月份牌图画上看见这些充当“中国人”的“日本人”的身影。要求习惯了这样的“中国”和“中国人”的西方人理解异国深院里的园林意趣，实在是有些勉为其难了。

把德国博物馆同行和“园林艺术家”撮合到一起的过程也不如想象中顺利。这些“园林艺术”有艺术也有设计，有古雅也有新潮；有忠实描绘中国园林的水墨画，也有在“园林”上涂抹血腥色彩的当代艺术实验；有像刘丹一样偏爱抽象风格的画家在做装置，也有实际建造“当代园林”的王澍在展出他的建筑模型……面对如此多样与“创造性”地阐释中国园林理念的当代艺术品，德国同行难免疑惑，这当然很有意思，可是，这和大家熟知的“中国园林”有什么关系呢？

是啊，什么才是中国园林？虽然总是对假古董嗤之以鼻，但我们的新想法却又的的确确是建造“真的”假中国园林：秉承了中国园林精神的当代艺术作品是严肃的，却不一定符合古典的定义。反过来，假的“真中国园林”也就是当代人复刻的古典园林，虽然惟妙惟肖，却已经不再是当代生活的一部分。假的“真中国园林”和“真的”假中国园林，两者能否找到一种平衡？事实上，这种平衡就存在于中国园林的历史叙述之中，比如：

> ……华南和华北的平衡，“高等文化”和民间传统的平衡，主观心志和客观现实的平衡，哲学抽象和技巧手法的平衡，等等。这些平衡之中自然地浮现了从地理概念、历史叙事、图绘表现、设计原则到社会生活、工艺传统、个人历史、意识形态等理解中国园林的不同角度……[3]

以上“八解中国园林”，出自我在主展览外另一个平行展的引言。借此，德国的观众将有机会了解到“事实如此”的中国园林，也可以更好地理解中国艺术家面向未来的姿态。由于篇幅和深度所限，即使是相对争议较少的“事实”，也不可能直接拿来作为园林史的教科书，在十分有限的时间内编订的“八解中国园林”，也只能力争选取那些最富于代表性和欧洲观众易于理解的事实。此外，既然我们的展览是在德国，我们就要选取一些和中德文化交流有关的引文和实例，以及曾留学德国的早期中国建筑师的例子，还要适时地引用歌德和荷尔德林的名句。

对此次“活的中国园林”展览貌似致命的质疑，来自一位著名的中国建筑师。任我费尽唇舌，他仍一本正经地对我说：克扬，你这展览我没法做啊，我理解的"中国园林"其实是不需要展示的，如果展示了，那还叫中国园林吗？我好像是禅宗故事里被老和尚打了一棍的小和尚，被这高妙的启示打击得半晌说不出话来。是的，乍想起来，寻常人心目中中国园林的乐趣，确实同如禅宗公案里的"自明"[4]。没错，历史上的"中国园林"并不是一座建筑，而是一种"文脉"，它展示的不是若干件物体与三两种造型，而是一种琐碎、内向的生活方式。或者，转回开始的那个老话题，它是一台随缘而至的堂会，只有宾客到齐，方能鸣锣开演，至于演什么，很可能是各花入各眼，戏码甚至还有待与会者现场决定，和外人觊觎的眼光无关。

如此，构造一个现实中的园林空间好像就剩下了唯一一种选择：回到苏州去品味和苏州有关的东西，像日常生活那样对待日常生活。我们从来不乏这样坚持的文人和艺术家，部分古代生活方式，比如饮茶、饮酒、音乐、戏剧，似乎还可以原汁原味地在园林之中恢复，在园林中上演的昆曲（比如《牡丹亭》），也都还穿着中国传统的戏服——但在这方面能有多"传统"依然要看我们选择回到什么样的戏剧中。作为妥协，贝聿铭的苏州博物馆中就很难展出某些"当代气味"浓厚的当代艺术。

可是我的"活的中国园林"注定是在萨克森的园林中。"中国园林"的主题意味着这将是一个注重语境的展览，只是这语境落在了异国和当代。室内和室外，"看"与"被看"，或是"看见"

与“看不见”，摇摆的二元命题里呼之欲出的，不是必居其一的结论，而是一种调和矛盾的可能。就是在餐馆用餐时，我们也没有忘记讨论这个听起来不可能的任务：这样一个饱含中国特色的展览，如何与现在同样棱角鲜明的德国场地和不明就里的观众发生关系？这就如同考究在剧院里没有太多引座员的情形下，黑暗中迟来的看客怎样才能准确地找到自己的座位？

记得当时，面对德累斯顿国家艺术收藏馆馆长马丁·罗特，我在一张餐巾纸上画了整个场地的草图，在脑海中测试想象中的游览路线。巴洛克式园林的麻烦就是它的刻意炫耀，在上帝之眼或是阳台上君主的瞩目中井然有序的布局，如果从地平线上看，却多少会显得有些繁乱；平行于建筑长轴的易北河与贯穿“山宫”前后的漫长步道一字排开，几无曲径通幽的乐趣。无论如何，我们都不可能像大地艺术家克里斯托夫妇那样大手笔地改变场地的物理面貌，我们所能做的，只是设法调动观众的视角，使其尽量与我们想象中的“中国园林”相契无间。

这样“活的中国园林”，真的变成了一幕由幻境融入现实又从现实生出幻象的戏剧，有关具体场所的逻辑而非外表。如果抽离湖石、假山、宝塔、盆景等具象的符号，中国园林还可以用什么方法表达呢？设想我们有两出戏要演：室内展厅面积有限的“山宫”代表静态“园林”的横轴，其中的观众可以用鉴赏家的眼光，像游览画廊一样探究各种按不同主题铺开的艺术品；而那条从易北河岸开始，跨越数个不同风格园林、长得多的室外“画廊”，则构成了“活的中国园林”的纵轴，它象征着更为散漫无边的发现之旅，艺术品在无拘无束的自然空间内得到展示，并成为空间自身的一部分。

告别皮尔尼茨宫，回到德累斯顿市中心，完全又是另一个世界。美术馆的策展人天天奔波在世界各地，只为寻找一个能实现他们想法的艺术空间，每个城市于他们而言也不过是一个暂时的下榻处。尤其是从东方城市来的人们，面对眼前的西洋景，不免也像初次跳下轮船拍摄他们祖国的西方摄影师那样懵懂。难道德累斯顿就比米兰、布鲁塞尔、维也纳等城市更特别吗？当我躺在旅馆床上阅读这座城市的历史时，我忽然想起，这不就是从前读过的库尔特·冯内古特《第五号屠场》的故事发生地吗？更巧的是，作家本人恰好在我到访德累斯顿的那一年去世了。

人们引以为豪的巴洛克城市在二战中被大轰炸摧毁，两德统一后，德累斯顿人怀着复杂的感情复原了这座城市。现在市中心的肃穆街道完全是十九世纪的模样，丝毫看不出六十年前那场浩劫的影子。马背上奥古斯都的高大戎装铜像身后，是德国著名建筑师戈特弗里德·森佩尔设计命名的歌剧院，从森严的古典主义立面上看不出建筑内部的样貌。它的内里该是另一场盛大的现代演出。其实，这一切就像皮尔尼茨宫的中国花园一样，也是“真的假”混合着“假的真”。

场地状况的改变，引发我思考的不只是展览设计，还有展览策划，最终，是有关“中国园林”自身的一些问题。

园林，或者今天园林化身成的博物馆，本身就含有某种不确定性，这种不确定性是展览需要面对的第一个问题，一切仍和“看与被看”有关。在园林中，你确定自己在看什么吗？“幻觉”是中国古典艺术中一个恒常的主题。而在展览中，人们又给这一主题起了另一个更好听，也更符合中国文化格调的名字——化境。尽管中国画论偶尔也会渲染“点墨成蝇”“见画巫山宛相似”，但是大多数时候物象的“真”实在只是一种对眼睛和心智的“戏弄”。对于上一章提到的艺术家作品，不管是洪浩的“雅集”，还是姚璐的“山水”，它们的主题都涉及一种当代文化里常设的心理情境，就像人们常说的那样：说得多好，就像真的一样呢；瞧你，又当真了……

出于这种园林文化中存在的脆弱的真实感，“活的中国园林”挑战着我们看待寻常展览的方式，展览既是“原则”，也是具体的“物”乃至“空间”。皮尔尼茨宫室内展出的“画廊艺术”类型，其历史大概可追溯至古罗马时期，但是列在恢宏柱廊间的画像瓶，或是使人顶礼膜拜的神祇，和它们置身的环境本就难分轩轾。后来，“艺术”逐渐成了一种生意，展出才有了浓厚的人工意味。“博物馆”也变成了菜市场，荷兰画家丹尼尔·迈腾斯的绘画中就时常出现这样的画廊：各种作品挂满高大的墙壁，空间逼仄到几乎令人窒息。人们对“作品”的重视慢慢超过了它所在的环境。对盎格鲁-撒克逊气息愈加浓厚的当代中国艺术而言，阴差阳错重新成为展出主题的“中国园林”，又被放置于德累斯顿一座半真半假的“中国园林”里，这是一个有趣的多重悖论，既要低调，又要炫耀——就像受西方影响，人们现在也常把一场艺术展览叫作“秀”。“中国园林”既是展出的主题也是展出的背景，既是展出的手法也是展出的理论。

我们最终解决问题的手法与建筑师没有太大关系，它从务实的装修师傅的眼光开始，甚至比最谦卑的装修师傅还要实际：如何装裱那些材质纤弱的水墨画，才能让它不再是西方人眼中一张模糊的“照片”，而变成一个向不同世界打量的“窗口”？怎样制作合适的展台，才能使小巧的中国瓷器不至于被奥古斯都金碧辉煌的室内装潢压倒？如何统合种类繁多的艺术作品，才能让喜好品类之盛的当代文化不至于在古代园林里喧宾夺主？

基于这些考虑，“山宫”在展出时被粗略地分成了三个区域：有着许多窗户和廊道的东翼被改造成了一个适合二维艺术品展出的区域（展览的“化境”板块），通过组合漏窗纹样的半透明帷幕和隔断，布置图像和投影，这一部分形成了一种亦幻亦真的视觉效果，看起来像是一块开始融化的瑞士奶酪；中央大厅比较规整，适于建筑装置和空间营造的展示（展览的“现实”板块），其中既可以窥见构造细节，也能收获整体的空间感受；西翼的数个重点文物保护房间是第三个区域，这里的空间尺度和照明条件有效地突出了观者与“物”之间的亲密关系（展览的“尤物”板块）。这三个区域加上室外的“戏剧”板块，一起构成了展览的全部内容。

无须策展人过多操心，聪明的艺术家就懂得为自己的展品创造独立的园林“语境”。或者，他的作品本身就是一座“园林”，

吕胜中，《山水书房》，装置，可变尺寸，为德累斯顿“活的中国园林”展专门制作。2008年作者摄于展览现场

就像吕胜中的“山水书房”：一间不满四十平方米的斗室，被布置成了既可以“读”又可以“看”和“游”的空间，近六千本五花八门的图书经过特别装裱，密匝地排列在八个大书架上，书封本身即是画的一部分，而裸露在外的数千个书脊又与墙面本身的画面一起，组成了一幅五代董源的《夏景山口待渡图》。德国观众即使不知道这幅画的来历，也可以欣赏画中充溢的动态、气韵和诗意，而山水画与书架的结合也是“活”的，使“山水”有了一丝游戏的意味。观众可以在书房中央的草垫上坐下来，随意抽出一本书来读，当他再把这本书放回去的时候，画面就会因为他的参

与而改变。随着展览日久，“山水”会逐渐消融，直至消失。同时阅读——“游览山水”——的观众越多，图书便越有可能放回错误的书架，“山水”也消失得越快。

展览内含的问题吸引了一些艺术家为这个展览量身定制了切题的作品。徐冰是一位曾经获得过“麦克阿瑟天才奖”的跨界的中国艺术家。他的装置“人生到处知何似”就深受中国园林影响。这个作品由76块采自北京房山的石头组成，每块石头上都镌刻着徐冰自创的字体，它们看上去像中文，实际上却是一笔一画的英文单词，是用中国文字的逻辑重新写就的“英文书法”。读懂了，这条“石径”就是一首关于“路”的诗歌，译自北宋诗人苏轼的《和子由渑池怀旧》：

人生到处知何似，应似飞鸿踏雪泥。

泥上偶然留指爪，鸿飞那复计东西。

这些石头隐没在皮尔尼茨宫外“中国花园”的树林中，点缀着一条曲折的小径，当人们一路走来，念完最后一句诗时，也同时被引入绿荫中一个晦明变幻的去处，由作品本身蕴含的错解、意义的发现直到阐释的不知所终，正是“人生到处知何似”的诗意所在，也是本次展览的要旨。室外和室内的展场或许有本质上的不同，后者无法完全避免展品和展出环境分离，两者甚至还可能产生强烈的对立关系，或者后者也可能生造出一个幻境。而在

徐冰，《石径》，园林装置，尺寸可变。作者摄于2008年秋季，展览已展出三个月之后

前者，展品不得不屈从于它置身的真实世界。“屈从”这个词也可能并不妥当，因为“活的中国园林”同样意味着人一旦“越过藩篱”，走出博物馆宫殿阴森的室内，他就会和霍勒斯·沃波尔一样，看到整个自然都是一座园林。

我们应该还记得麟庆的《鸿雪因缘图记》，飞鸿和雪泥的譬喻是中国园林之路中常见的话题，园林是基于物质文化的艺术，因此它总联系着一种脆弱、微妙、随时湮灭的物质性。园林的一切都有关“变化”，“历史园林”或许是不存在的。但对于“坏壁无由见旧题”的理解也并不总如苏轼诗中那样悲观，也许“中国园林”的生命，有一部分本就是由朽坏之中产生，靠不那么坚固的媒介传递的。

肉身无存，但活着的“园林的历史”更加长久——尽管这个表述听起来如此自相矛盾。

活的中国园林

2008年6月，我终于可以回答前面提到的那位建筑师的问题了，在别处的园林中体会“中国”，就像美国学生中流行的寻宝游戏（Scavenger Hunt），宝物的意义是否张扬确凿并不重要，真正重要的是循着若隐若现的线索寻宝的过程足够有趣。除此以外，“活的中国园林”还促成了中西方对这个话题的交流。

自然，这一切的发生还有个必要的前提，那就是展场本身也是园林，此“园林”与彼“园林”的互通之处，甚至抵消了当代中国与德国不那么相似的地方：皮尔尼茨宫及其属地也有垣墙，守门人的存在，多少吊起了园外游人的胃口，“内”和“外”区分了最基本的戏剧情境。正是在遥远的易北河畔这些“中国”的存在，才引发了我们对更深层次的“中国”的反省；有幸进入墙内想要编戏、导戏乃至看戏的人不大容易想到，其实他们自己也是一场盛大演出的演员，他们自居的“外在”角色，对应着当代文化的戏剧中更彻底的“内在”。

要知道，在假想的“外人”面前，表演的兴味更浓郁，我们作为“演员”甚至进入了一种自发的状态。

每年七至九月是络绎不绝的游客造访这座夏宫的时间。做完繁缛的布展工作，我忍不住在自己的“作品”里四处溜达，看是否还有什么需要收拾，蓦然回首，却见三两游人已经开始好奇地打量散布在林间的“中国园林”，他们一定在想，这些是什么？它们为什么会在这里？

我不知道的是与此同时，还有一场更大规模的夏季演出就在附近举办。

德累斯顿的夏天似乎黑得很早，博物馆也早早关了大门，园中只剩下若有似无的光亮静悄悄地闪烁，灯烛“自明”，并没有想象中的绮红翠绿和彻夜歌舞；可巧的，是展览的开幕式正赶上当地最大的年度狂欢节——白天从柏林、巴黎、布鲁塞尔乃至捷克来的数百位艺术达人哗啦啦走了个精光，到了晚上，从本地乡间来的农夫挤满了园林，他们看见了我，一个此地罕见的东方人，

黄敏，《山水·风景》，布面油彩，1200cm×200cm，2005年

就像三百年前的奥古斯都见了“中国”似的吓了一大跳，先是一怔，随之开怀大笑起来。

“今年的狂欢节……不错，连中国人都来参加了，不过这些东方玩意儿也是狂欢节的一部分吗？”

关于中国园林的著述难以尽数，但展示“活的中国园林”，展示它们如何在当代文化中求得新生，却是一个新的话题。将带着历史气息的园林再造为当代的都市山林，不仅仅是文人心境的锤炼和自适，也涉及社会发展和人境再造的真实两难。事实上，无论人才还是意匠，今天的实践都离古典的理想尚有距离，我们也可能永远无法离这种理想更近。曾经把《鹿鼎记》翻译成英文的英国汉学家闵福德就毫不客气地说，中国园林已经是一个“死翘翘的象征”了。

他的意思或许是相对的。为了追求速度和数量仓促建起来的

现代城市，远不能和追求和谐的古典世界相提并论。对于我们自己的传统而言，当代的设计师、艺术家和公众一样，都已经是某种“外来人”了，参与现代营造的建设者很难真正走进园林，而以园林作“嫁衣裳”的艺术家，也没有真正过过几天旧日园林主人的生活。无论是“园林建筑”还是“园林艺术”，或多或少都还是在“里面”，哪怕园墙和画廊之外就是那个嘈杂喧嚣非常的真实生活。从这个意义上来说，就园林论园林未免还在“园林”之内，没有走出巫鸿在《重屏》中所说的那个“更大的情境”，彻底更换“观看的本分”。[5]

但从人与自然分分合合的上林苑中一路走来，活着的中国园林绝不只是人们印象里红尘中的飞地。如果明末是另一个人造世界的高峰，苏州私家园林是对这种境况的回应的话，今日城市的文化逻辑并不完全两样：在一个蓬勃的人造世界中，我们总还看

北京首钢园一景。近年来尤其是配合冬奥会在北京的召开，这个园区逐渐被改建为一个名副其实的工业景观。作者摄于2010年

得见一种暧昧的“第三自然”如同火山岩浆一般爆发又冷却，尽管并不雅观，但比起香山饭店大堂中与苏州博物馆园庭背景里的象征物，这些不大像园林的园林才更接近生活的本质，在它们面前，即使最先锋的建筑师的粗暴策略也会显得过于刻意。

在这样一个时代——引用英国作家查尔斯·狄更斯《双城记》里的话来说，这既是“最好的时代”，也是“最糟的时代”——拾起这样一个旧题，并不是强作先锋，或是演绎又一出“中西相逢”的热闹大戏，“活的中国园林”需要同时考虑理想和现实，也要兼顾理性与感性。

大体说来，今天对于中国园林的阐释是两种声音的复调：一方面，是那些更具批判性的声音。无论是“向前看”的乐观，还是“向后看”的怀乡情绪，艺术家们都以一种“希望如此”的心态对当代中国园林的处境作出了定义，比如将传统文人文化和当代建筑学作嫁接的努力，或者，对城市化面貌和园林理想间落差的调侃。另一方面，则是那些明知不可为却穷究园林“本质”的声音。换言之，也就是对于“事实如此”的中国园林的进一步诠释，在其中，园林成了一个自足的系统，“建造”（tectonics）和“意匠”成了“中国园林”主题中的焦点，他们对园林趋向中性的空间形式以及“内在”文化意味的玩味，远远超过了对其“外在”社会含义的关心。

有意思的是，这两种方向，也就是“事实如此”和“希望如此”的两种中国园林，并不尽然矛盾，甚至可以说大多数时候都殊途同归。在将这些不同的原则统合为当代中国文化自我表达的利器时，在理想与现实发生冲突时，“活的中国园林”反而凸显了它居间调停的意义，这也是我为什么像贝克夫妇努力过的那样，将德累斯顿展览的副标题命名为“幻象/现实”。“活的中国园林”不只是“从幻象到现实”，或许还要加上从历史中抢救出的一些梦境，也就是“从现实到幻象”。

重大的转变既发生在外面，又出现在里面：美术馆的外面、私人会所的垣墙外以及人们生活的城市中——或者，也是在更大的“园林”之中。

不管是在新苏州还是老苏州，空地和水面都早已不再是玄想的对象，而是生活的布景了，各种垣墙纷纷倒塌。原来在镜头另一端的观望者，如今不仅蜂拥进了园林，还习惯了爬上假山拍照。园林的精神意义瓦解为物质，成了普通人也有可能触及的享受。与此同时，有意味的是，这种降了格的、无所不在的“园林”，又迅速地拼凑起了一幅更大的“巨景山水”，循环转回到了人们手中各色的屏幕“里面”。

越来越多人开始谈论园林。不只是建筑师、艺术家、文化人，还有借助古典生活方式营销的商人，有些地产商甚至通过标榜“在现代城市中坐拥旧时之趣”来向顾客推销他们的房产。被他们借用的古典象征所面临的“危险”，又何止是十九世纪的兵燹。王澍“新瓶换旧酒”的设计方法论像一把猛烈的大火，把旧世界烧了个干干净净。而园林的灰烬中浮现的，是新世界的图景：借助新的建设工具，他们开始把城市或者一种广义的人居环境拟为巨型的“山水”，少数人甚至能凭借一己之力，将部分幻景变成大都会的现实。比如，马岩松领军的MAD建筑事务所就在北京城里打造了另一类“山水城市”，虽然不免有几分惊骇意味，却和比他年长数十岁的老前辈的作品异曲同工。

事实上，他们谈到的绝非同一种“山水城市”，年轻一代的艺术家既不会再相信乌托邦世界里的“和谐”，也不大会自命救世主，提出改造中国城市的一揽子良方。相反，他们只是和他们的建筑界前辈一起，营造了一块巨大的“太湖石”：像艮岳一样，它既是虚拟的现实，也是真实的“山水”；它不粘带植物，并未如它声称的那么绿色生态，而是业已被物化了的现代世界重又装回了它熟悉的旧日辞令中。至少从宏观来看，与埃及、印度等第三世界国家一样，当代中国充斥着一种典型的人造景观，它们借由数字时代新的技术手段和表达方式，更借了中国文化固有的表达，显得熠熠生辉，无往不利。这一点，居然和中国当代那些想要在大尺度上雕刻城市的“景观建筑设计师”不谋而合。

于是，有了现代视角中中国园林的第二重错位。“古典”和“现实”，“主观”和“客观”的关系，同时也是“文化”和“生态”的关系，而这两种关系更凸显了用主观意志来“干预”自然，还是“顺应”自然规律这两种不同思路的差异。中国园林究竟是要先面对我们文化的挑战，还是要提前凸显未来生存的危机？

中国近代的城市化造就了新苏州，孕育了现代主义的城市，促使西方现代建筑师创生出“花园城市”一类的乌托邦，也催生了中国新一代的“园林建筑师”。现在，中国园林面临着更多变的环境，既是机遇，也是挑战：真正的自然在城市之中趋于消失；驯化的“第二自然”经过改头换面，成了某种人造景观；从园林开始，从为文化所化的“第三自然”到数字化的巨型山水，人们已经分不清楚“真的假”与“假的真”。

王尔德有句名言，叫作“生活模仿艺术”。表达可以导致真实的后果，两者之间原先还有基本的分野，但循着“园林”“山水”的逻辑，表达与后果现在已经合二为一。这就导致标榜园林的“设计”和“艺术”一方面抵制着不可知的未来，另一方面又在源源不断的新的空间生产中，催生了它们自身所憎恶的东西。

今天苏州的一切貌似都和古典园林格格不入，但它们却是同一个主人在不同时期对同一座城市的营造。

* * * * * * *

结语：心安何处

造园择基，朝市蜗居，既强调主观意志的作用，也凸显“所在”的强大。当代中国的普通城市里，还可以安顿园林这般古典遗产的子息吗？

即使是那些最忠实的古典园林爱好者，对这个问题恐怕也有清醒的认识。陶渊明曾有诗道：“结庐在人境，而无车马喧。问君何能尔，心远地自偏。”（《饮酒·其五》）但在现代城市中，“地”分明已是最稀缺的资产，很多向三维要面积的仿古趣味，也已经变成了“空中花园”。

童寯一生的研究和设计大都与现代城市建筑有关，而苏州只是他在工作之余一次次踏访的去处，直到晚年，这位现代建筑师都不曾清晰地指出园林在当代生活中的出路。近一个世纪以前，童寯对中国园林的兴趣只是出于直觉。他感到江南园林是一种民族文化的物证，在西风压倒东风的危难时刻，需要及时“抢救”：

> 著者每入名园，低回歔欷，忘饥永日，不胜众芳芜秽，美人迟暮之感！吾人当其衰末之期，惟有爱护一草一椽，庶勿使为时代狂澜，一朝尽卷以去也。[1]

可是，从当时再往后比照，难免有更多人物俱非的感慨。1957年，也就是杨鸿勋开始着手写《江南园林论》那一年，彭一刚携一位同窗好友南下苏州，下榻于深巷中一家名为“皇后饭店”的小旅店，以后二人每日流连于苏州园林中，这是他写作《中国古典园林分析》的缘起。数十年后，他们又偶然在苏州重逢，只是他的这位朋友几经波折，对园林研究早已兴味索然。二人触景生情，相约重访当年下榻的皇后饭店。然而时过境迁，苏州早就旧貌换了新颜，原来深居陋巷的客店也不知去向，几经周折，才找到一所似曾相识的旧宅。一打听，正是当年的皇后饭店，不过眼下已变成一座大杂院，加之环境变迁，与嘈杂的市中心广场几乎只一墙之隔，早就失去了往日的幽静。侥幸的是尚未拆除，只是与记忆中的印象已经相去甚远。带着几分惆怅，他们“注目凝视了一阵后便木然地离去，美妙而虚幻如烟的往事于片刻间也随之从记忆中消失”。[2]

我虽生长在江南，却不敢自诩熟识江南的园林。记忆里，我们的城市中不曾有什么著名的园林。20世纪80年代，我所在的社区新建了一座古典风格的中国园林，不过园门口把门的老大妈脸色总是严峻得如同怪石苍松，瞬间打消了我们这些好奇的小朋友想进去玩耍的心思。事实上，当时园中的游人并不多，也没有充裕的空间可供人“晨练”“养生”，就算是现在允许免费参观，也不见得有多少人愿意上门光顾。

墙内的遣日生涯终究是长歇了，园林现在也成了公园，可这无碍那游宴之声夜夜从想象中传来。《扬州画舫录》《陶庵梦忆》一类的书隐约告诉我们：历史上的园林赞助人并不都是君子大儒，园林的主人也有盐商、官吏乃至当铺老板，他们的故事搁到今天也就是个“俗情儿”，真正诱人的，却是老大妈下班后发生在园中的故事……

在意兴阑珊的暗夜，小红门后，小红桥畔，倏忽间，烟火般绽开一片耀眼的光明，隔水楼台遥遥传来曼妙女子迤逦的笙歌——谁在出演，又演给谁看？

寻求“异趣”从来不是西方人的特权，作为营造环境的一部分，中国建筑学也存在一种对于遥远之物的想象，道家、佛家所谓的“前生”“来世”，也是古人寻求的“异趣”所在。“文化的自然”也是一种“自然的文化”；经人工拟似的“自然”和“自然的自然”混融在一起，世俗理想的极大满足则和对优越生存环境的向往混融在一起。王澍那样雄心勃勃的造园者，亦同时对传统文化中的园林和中国城市的新造景感兴趣，他的造物既出乎其“内”又展现“其外”，既亲近，又陌生。[3]我们今天所处的中国也难以摆脱这种想象：山（庞然的人工环境）外面连着“山”（暂时无法确认的文化想象），错位的时空产生了某种去向不明的新意。

用建筑师李兴钢的话来说，在艺术的纯粹感官领域，空间的“幻视”制造了臻于极致的“胜景”。然而，近看灰扑扑的中国城市与远望“如诗如梦”的画境间的转换，则会产生观察角度的悖谬和实用功能上的两难。[4]

如同艮岳一样，现实中的“山”其实就在我们身边甚至我们脚下，它由外及内产生影响，又由内向外生长，新的“中国园林”因此才有了文化与物理双重属性。包藏着闹哄哄城市的“大块”，可以衍生出广义的“环境”问题；它既涉及迫在眉睫的生存挑战，也关乎“我们是谁”“我们要往何处去”的终极哲学命题，而在方法论上，它还统合了建筑学、景观设计和城市设计。与现实中的“山”不同，“远山”却是一种随性的、至今我们还遥不可及的意境。

“活的中国园林”貌似是个伪命题，因为没有生命力的文化遗产不会成为今日如此多人的谈资。对一个本身就偏重实践的学科而言，应该创造出适合探讨问题的有趣语境（追求“异趣”的文化当然只是其中一种语境），而不是匆忙确定答案。就像彼得·沃克所言，美国人花了150年才对他们的现代园林作出定义，“活的中国园林”也不必急着为自己下定论。眼下，它只不过证明了一种普遍存在的文化规律：有趣的生活只存在于不同视角的彼此参照之中。作为主角，我们既要有坚实的立场，也不妨时时“走神”，而这种生活既可以存在“高等文化”的显意识之中，也难免偶然体现为空洞、浅薄、怪诞；既是真切可感的普通生活情境，又包含着对陌生事物的好奇。

除了现实中的造园，还有另外一种意义更深远的“安顿”，它有可能出现在最不安定的地方。

2008年以来，每个从北京首都国际机场往返的人，都有机会看到文化推介性质的“中国园林”。按照首都国际机场T3航站楼室内设计师李俊瑞的说法，旅客坐在三层的国际候机区，可以游赏两座候机楼内的园林小品，既能缓解等待的烦躁，也能增添些许闲适的心情。这两座迷你的室内园林遵从着古典园林的法式，

北京首都国际机场T3航站楼国际区园林建筑小品。李俊瑞提供

“建筑规制严谨，朱漆廊柱、描金彩绘处处精雕细琢”。然而衬托“御园谐趣”的一副对联，一时却是没法用合适的形式图解给外国人的：

茅茨落日寒烟外

久立行人待渡舟

对园林的意义而言，这副措辞古雅的对联至关重要，它想象了一个和机场类似的“在路上”的场景。这个场景比只为“观赏”的博物馆园林“展品”要切题，因为像茶山的无名园林一样，在都市人流中突然闪现的园林小“亭”，至少提示了路上的行人“停”留的契机，设计形式、空间意趣和实际功能因此合而为一。但是，就算措身于最显要的位置，即使书法体式并不难辨认，大多在此摆拍的过客也未必能体会对联的深意，对此，有评论者叹息道：“不知古时旅人的心境，能否为今天行色匆匆的国际旅客所理解会意？”[5]

夕阳西下几时回？小园香径独徘徊。

2020/3/5

于新冠疫情中，深圳

2021/1/18

改定

注释

引言：寻找"活的中国园林"

1 本展览是中华人民共和国和德意志联邦共和国共同签署的"德中同行"文化交流的一部分。展览由中国美术馆和德累斯顿国家艺术收藏馆（Staatliche Kunstsammlungen Dresden，简称SKD）共同举办，SKD一度被称作世界四大美术馆之一，由15个美术馆和博物馆组成，馆藏有著名的《西斯廷圣母》和位于"绿穹珍宝馆"的琥珀珍品。

2 茶山镇位于广州与深圳之间的东莞市中北部，总面积45.4平方公里，下辖16个村和2个社区，常住人口28万人，其中户籍人口4.7万人。数据来源：http://www.dg.gov.cn/chashan/。

3《园冶·屋宇》转引《释名》："亭者，停也。所以停憩游行也。"

4 在故事中，男女主人公至关重要的邂逅发生在"牡丹亭畔，芍药阑边"。"牡丹亭"原为"牡丹庭"，出自唐代诗人白居易《见元九悼亡诗因以此寄》："夜泪暗销明月幌，春肠遥断牡丹庭。人间此病治无药，唯有楞伽四卷经。"但在汤显祖笔下，"牡丹庭"变成了"牡丹亭"。

5 这座现代意义上公园的建立由中国近代革命的先行者孙中山首倡，他也多次在这里发表演讲。

6 佘畯南：《从建筑的整体性谈广州白天鹅宾馆的设计构思》，载《建筑学报》，1983年第9期，第39—44页。"英石筑砌的石岩位于中庭的西部偏北处。金瓦亭子位于其上。汉族与少数民族建筑风格融合的形式作为民族大团结的象征。瀑布从亭边的山涧流过，分三级而下。潺潺的水声引起海外游子思亲之情。南面'莺歌厅'的鸟声与之呼应，把居住在闹市中的人们的情意带到大自然的深谷中去。形与神交织在一起，体现了我国传统庭园空间突出意境的独特手法。北面走道的墙面，镶贴灰色镜面玻璃。白鹅潭全景的虚像出现于镜面上，把中庭的水石景包围于珠江的真假景象之中。把室外的大自然空间与室内中庭融为一体。这也是我国园林艺术扩大空间的一种手法。”

7（英）罗宾·埃文斯著，刘东洋译：《密斯·凡·德·罗似是而非的对称》，载《从绘图到建筑物的翻译及其他文章》，中国建筑工业出版社2018年版，第196—199页。

第一章　那些逝去的名园

1 全洪、李灶新：《南越宫苑遗址八角形石柱的海外文化因素考察》，载《文物》，2019年第10期，第1，69—78页。

2 郭明卓：《融合城市肌理，传承历史文脉——南越王宫博物馆的建筑设计》，载《建筑学报》，2014年第11期，第55—57页。根据遗址保护要求，除了在整个发掘中历史价值最高、文化沉淀最丰富的“曲流石渠”遗址采取建筑覆盖与露明展示方式外，其余遗址全部回填保护。

3 见南越王宫博物馆陈列说明。

4“据《三辅黄图》：‘（灵囿）在长安县西四十二里。’”“台还可以登高远眺，观赏风景……台的‘游观’功能亦逐渐上升，成为一种主要的宫苑建筑物，并结合于绿化种植而形成以它为中心的空间环境，又逐渐向着园林雏形的方向上转化了。”周维权：《中国古典园林史》，清华大学出版社1999年版，第24，27—28页。

5“第二自然”源于古罗马哲学家西塞罗的《论神性》。在他看来，第一自然属于神的疆域，而第二自然是经由人的意志改造的结果。

6 1541年，意大利文艺复兴时期的学者雅各布·邦法迪奥谈及了园林形式带来了我们无法以传统说法概括的“第三自然”。不同于未经触动的“第一自然”（荒野、雨林）和显著区别于造物的“第二自然”（田野、果园），“第三自然”宛自天开，实由人作（模拟自然形式的园林景观）。

7 雷晨：《〈诗经〉植物意境研究》，北京林业大学硕士论文，2012年，第7—8页。

8 从过去的考古发现来看，明清以前的皇家宫殿之中，建筑只占很少一部分，而其余也并非全是人工的经营。中古以来的园林工程师已经发现，虽然需要“驯服”自然，并使之呼应人情，但是不必穷尽人事，因此园林既肖似原型，实则又转了性——“虽由人作，宛自天开”——未必像近世园林那般刻意，“像”自然，却看不出来人力的雕凿，正是上林苑以来中国园林历久弥新的传统。

9 李根柱：《金谷园遗址新考》，载《洛阳理工学院学报》（社会科学版），2011年第4期，第1—5页。

10《晋书·索靖传》记载了西晋时敦煌人索靖的两则预言故事。其一，“靖有先识远量，知天下将乱，指洛阳宫门铜驼，叹曰：‘会见汝在荆棘中耳！’”而在另一桩有名的预言故事中，他强调的是“成”而非“坏”，是人事起于自然：“先时，靖行见姑臧城南石地，曰：‘此后当起宫殿。’至张骏，于其地立南城，起宗庙，建宫殿焉。”

11（宋）周密：《癸辛杂识前集·假山》。

12 传统工艺通常用糯米汁掺和石灰，石灰有时加桐油，暴露于外的石缝，用石灰加麻筋青煤勾抹，掩饰其痕迹，刷盐卤铁屑消除突出的部分。今天的部分工匠会采用水泥调色，藏于石山缝内。

13 专写明代开封城的《如梦录》称“艮岳”为“宋徽宗御花园故基”：“礼仁门东北，乃是百花园……此园本宋徽宗御花园故基……后殿西厢后，有山洞，俱是名石澄泥砖所砌，与真山无异。上有古怪奇石、锦川、太湖墨石、洒金等石，参差巍峨，悬崖、峭壁、岩嵎、陵涧麓峪，无一不备……”

14 朱育帆：《关于北宋东京艮岳范围的探讨》，载《建筑史论文集》，2000年第2期，第91—101页；杨庆化：《艮岳新考》，载《开封大学学报》，2018年第4期，第7—12页。

15 蜀地僧人祖秀目睹了艮岳的最后时刻，他后来据此写了一篇《华阳宫记》，为宋人张淏的《艮岳记》所收录。

16 梁思成：《从“燕用”——不祥的

谶语说起》，载《拙匠随笔》，第17—20页。

17“艮岳之石除被用作炮石之外，因其藏量巨大，仍有大量花石被遗弃于旧址……今北海琼华岛有艮岳遗石还是很有可能的……应该说，到目前为止，仍无法去确认艮岳遗石……”朱育帆：《关于北宋皇家苑囿艮岳研究中若干问题的探讨》，载《中国园林》，2007年第6期，第10—14页。

18 冯恩学：《北宋熙春阁与元上都大安阁形制考》，载《边疆考古研究》，2008年第0期，第292—302页。

19（日）三岛由纪夫著，唐月梅译：《金阁寺》，九州出版社2015年版，第19页。

第二章　园林的死与生

1 John Dixon Hunt, "Approaches (new and old) to garden history," in Perspectives on Garden Histories ed. Michel Conan, Washington, D.C., 1999, p.77.

2 陈植：《"造园"词义的阐述》，载中国建筑史学术委员会编：《建筑历史与理论》（第二卷），江苏人民出版社1981年版，第108页。无独有偶，柯律格也强调说，园林实践既包括"制作"也包括"消费"，这两者不是一前一后，而是互相促进的。

3 欧阳采薇译：《西书中关于焚毁圆明园纪事》，载《北平图书馆馆刊》第7卷，第3、4号，1931年5—8月，第111页。中国学者对于英法方面的声明多有怀疑，主要质疑为巴夏礼及其随从很可能并未被羁押于圆明园附近。详见王开玺：《英法被俘者圆明园受虐致死说考谬》，载《北京师范大学学报》（社会科学版），2010年第4期，第63—73页。

4 徐家宁：《留在照片上的圆明园历史影像》，载《寻根》，2010年第4期，第4—19页。Barmé, Geremie, The Garden of Perfect Brightness:a Life in Ruins, the Fifty-seventh George Ernest Morrison Lecture in Ethnology, at the Australian National University, Canberra, 1996。

5 秦国经、王树卿:《圆明园的焚毁》，载《故宫博物院院刊》，1979年第4期，第10页。

6 汪荣祖:《追寻失落的圆明园》，江苏教育出版社2005年版，第192—223页。

7 王毅:《“壶中天地”——中国园林在中唐以后基本的空间原则》，载《园林与中国文化》，上海人民出版社1990年版，第137—148页。

8 “借景”的说法最初出现在年代晚得多的明代《园冶》一书中，现代研究者将其看作历史悠久的园林“理法”，泰半出于把“设计”看成“作品”的自觉。所以，用这个术语去回溯历史上有关的园林思想，既可以说明其变化的内在规律，又不免冒着把某种现象绝对化的危险，事实上，在变化时期的大多数园林实践之中，对“内”“外”的关注总是混杂并举的，并且出于复杂多样的原因。参考薛晓飞:《论中国风景园林设计“借景”理法》，北京林业大学博士论文。

9 另见白居易《伤宅》:“高堂虚且迥，坐卧见南山”。

10 “有我之境、无我之境”的著名论述见清末民初学者王国维（1877—1927）的《人间词话》。大多历史上的园林本身已经荡然无存，“遗址”其实也并不存在，但中国文学中的“园林”则要稳定得多。因此，把诗境和园境联系在一起，有助于我们从文字层面的园林史去追溯园林设计思想的变化。罗钢:《七宝楼台，拆碎不成片断——王国维“有我之境、无我之境”说探源》，载《中国现代文学研究丛刊》，2006年第2期，第141—172页。

11 如贾彦璋《苏著作山池》:“水树子云家，峰瀛宛不赊。芥浮舟是叶，莲发岫为花。酌蚁开春瓮，观鱼凭海查。游苏多石友，题赠满瑶华。”在盛唐的两京（长安与洛阳），文人在山亭游宴应酬，已经成为一种风气。如张说《同王仆射山亭饯岑广武羲得言字》:“闻道长岑令，奋翼宰旅门。长安东陌上，送客满朱轩。琴爵留佳境，山池借好园。兹游恨不见，别后缀离言。”史念海:《唐长安城的池沼与林园》，载

《中国历史地理论丛》，1999年增刊，第38页。

12《唐两京城坊考》载："居易宅在履道西门，宅西墙下临伊水渠，渠又周其宅之北。"在遗址中发现有"开国男白居易造此佛顶尊胜大悲心陀罗尼"等铭刻的经幢。《履道里第宅记》载："地方十七亩，屋宇三之一，水五之一，竹九之一，而岛树桥道间之。""在履道坊的西北部发掘出的建筑遗迹，残存中厅及廊房残基，当为白氏的住宅区；在其住宅区的南面探出有大片的池沼淤积土，并有一小渠道与西侧的伊水渠相通，这里可能就是白氏宅院的南园遗迹。"赵孟林、冯承泽、王岩、李春林：《洛阳唐东都履道坊白居易故居发掘简报》，载《考古》，1994年第8期，第692—701页。

13 北宋理学家邵雍自号安乐先生，他在苏门山隐居时将其居所命名为"安乐窝"，迁居洛阳之后他的住宅沿用了这一名字。后来，乾隆皇帝为表示对邵雍的推崇，在颐和园中建造了邵窝殿。

14 康骈《剧谈录》卷下"李相国宅"条。

第三章　发现苏州

1 Charles S. Campbell, Jr., *Special Business Interests and the Open Door Policy,* Yale University Press, New Haven, 1951. 转引自 Jeffrey W. Cody, *Building in China: Henry K. Murphy's "Adaptive Architecture,"* 1914—1935, Chinese University Press，Hong Kong, 2001, p.89.

2 刘敦桢：《苏州古典园林》，中国建筑工业出版社1979年版，第15页。

3（宋）洪迈：《容斋随笔》，上海古籍出版社2015年版，第217页。

4 苏州迄今的建城史众说纷纭，一说2500年，一说2600年。但事物的沿革通常比判定一个人的出身更为困难。因为它们的"前生"与"今世"往往不同。比如一度隶属于苏州市刺绣研究所的环秀山庄（或称颐园），就号称始建于五代吴越国时，当时和石崇的金谷园同名，历代屡有兴废，园址范围不定——无论在时间还是空间上，我们都难以确认历史上的“环秀山庄”与今天我们看到的“环秀山庄”有何不同。1949年，环秀山庄仅剩一山、一池、一亭，而园中的假山——通常认为是清代叠山名家戈裕良的作品，或许保存了更久远的历史。因此，环秀山庄在人们心目中往往也和其叠山等义。

5 参考席会东：《营城蓝图——中国古代城市图览要》，载《建筑与文化》，2015年第8期，第41—49页。

6 童寯：“盖咸同之际，吴中诸园，多遭兵火，今所见者，率皆重构。”载《江南园林志》，中国建筑工业出版社1963年版，第28页。

7 参考路仕忠、张笑川：《近现代苏州城市空间研究的回顾与展望》，载《苏州科技学院学报》（社会科学版），2013年第4期，第76—84页。

8（清）李斗：《扬州画舫录》，中国画报出版社2014年版，第125页。

9 巫鸿：《中国绘画中的“女性空间》，生活·读书·新知三联书店2019年版。

10 秦猛猛：《轮船、铁路与近代苏州商业区的变迁（1895—1937）》，载《世纪桥》，2009年第23期，第50—51页。

11 东吴大学（苏州大学前身）1900年由基督教监理会在苏州创办，是中国最早的西式大学之一。这时受到西方教育制度的冲击，也遥应着欧美正在兴起的“花园城市”的变革，中国的新兴学校尤其是中小学开始寻求创制“学校园”——“学校园”和“校园”有所不同，是指学校需要有一个同时具有教育意义和实用价值的外部开放空间，以花园形式存在，早期的“学校园”因此偏重于对园艺、农艺的介绍，并将其作为课程大纲的一部分。最终，校舍所在地也被纳入了整个“校园”的范围。《论学校园之有益》，载《北洋学报》，1906年第1期，第49—56页。

12 吴钟玉：《游拙政园记》，载《江苏省立第二女子师范学校校友会汇刊》，1919年第8期，第19—20页。

13 大部分今天人们熟知的名园，尤其是大型园林，在晚清时已经逐步向公众开放，有的甚至还为游客提供住宿。民国初年这种状况已成定局："吴市北街拙政园以胜著。平时除仕宦游燕外，重门深锁，鸟啼花落而已，国变后，园开放，咸得游焉。"胡长风：《记拙政园》，载《同南》，1917年第6期，第54—55页。民国以来，游览园林成为一时风尚，即使一些园林属于仍在使用中的私人产业——如狮子林，游客也可以说明来意，有条件地参观。这种情况一直延续到20世纪40年代。参见阿眉：《苏州园林志》，载《春秋》，1945年，第2卷，第7期，第85—93页。

14 郑振铎称《鸿雪因缘图记》为作者麟庆"以木刻图来记叙自己生平"，见《中国古代木刻画史略》，上海书店出版社2011年版，第189页。麟庆，《清史稿》第三百八十三有传："麟庆，字见亭，完颜氏，满洲镶黄旗人……"范白丁：《〈鸿雪因缘图记〉成书考》，载《新美术》，2008年第6期，第44—48页。

15 *Chinese Architecture and the Beaux-Arts* , ed. Jeffrey W. Cody, Nancy S. Steinhardt, and Tony Atkin, University of Hawaii Press, 2011.

16 童寯：《江南园林志·序》，中国工业出版社1963年版，第3—4页。

17 中国园林中并不存在西方建筑学意义上的"立面"。按照赵辰的观点，中西方建筑的立面在概念上的差异，主要来自两种文化中建筑物在空间导向上的不同，法语中"façade"一词准确来说应该是"来自主要面对人流方向的建筑物之立面"，翻译过来应为"主立面"；而西方古典建筑中的主立面是"发展自其建筑传统中的山墙"，在后来的发展中又强调了其垂直面的造型问题。façade的辞源就是"脸面"，可见这个建筑术语是和"身体"的先在观念比拟有关的，同时也取决于这种身体和外在空间的关系，由于社会结构的不同，中西建筑所界定之"体"的范围和表现方式并不一样，西方单体建筑的"脸面"在中国园林中是院落的大门和围墙，后者的结构和意义，决定了它的空间更着重前后和包容的关系，而不是façade这个西方概念所强调的形象。

18 汉宝德反对明清不如唐宋的大前

提，批评以往中国建筑史的研究关注古代官式建筑，却忽略了中国建筑的地区差异。他认为明清时代以江南地区建筑为代表的中国文人建筑在环境、功能、空间和材料方面都有突出成就。见赖德霖:《汉宝德先生与〈明、清建筑二论〉——一份访谈笔记》，载《建筑学报》，2014年第12期，第74—78页。彭一刚在《中国古典园林分析》序言中称，中国园林史可概括为形成（魏晋南北朝）、成熟（隋唐五代）、首次高潮（宋）、滞缓状态和低潮（元）、再次高潮（明清）等时期。

19 周维权:《中国古典园林史·自序》，清华大学出版社1990年版，第2页。

20 童寯:《东南园墅》，湖南美术出版社2018年版，第21页。

21 叶圣陶著，刘国正主编:《叶圣陶教育文集》第3卷，人民教育出版社1994年版，第453页。

22 叶圣陶:《苏州园林》，载《语文》（八年级上册），人民教育出版社2017年版，第102页。

23 在世界各地都能找到类似的“中国图案”。比如在百慕大，当地人非常热衷于一种“月亮门”，和中国园林中常见的月门类似却有所不同，参考Ying Xue and Kathleen Gibson “Moon Gate as an Evolutionary Interior Archetype,” Proceedings of the 3rd International Conference on Culture, Education and Economic Development of Modern Society（ICCESE 2019）。此外，著名意大利建筑师卡洛·斯卡帕（Carlo Scarpa，1906—1978）在布里昂家族墓园中设计的双圆相交的双鱼“窗”，就被部分人认为受到了东方图案的影响，但斯卡帕未曾明确地交代这种双鱼“窗”的含义。这种观点或许不大成立，因为不同于苏州园林里仅仅把花“窗”作为一种特色界面，斯卡帕将其看作一种“观看”（逝者世界？）的装置——前者两个维度都有意义，繁复的花窗自身就是被观看的对象，但后者力求单纯，形式只是观看的起点。西方文化中所谓的“Vesica piscis”（斯卡帕的“窗”形是它的演绎）并不算是少见的图符，甚至关岛的标志也是一只“眼睛”，它所引导的“看”的主体既是肉眼，也是“心灵之眼”，是一种形式生成的抽象符号，以及特殊的“透”视法。也许，斯卡帕是在这个含义上将其视作了一种灵活的“观”法，它并非苏州园林用于游赏的花窗，出现在生与死的语境中倒很贴切，正应了《庄子·秋水篇》那句话：“泛泛乎其若四方之无穷，其无所畛域。”

24 钱林森：《法国作家与中国》，福建教育出版社1995年版，第82页。

25 William Chambers, “a dissertation on oriental gardening（1772），” in *The Genius of the Place,* ed. Hunt and Willis, The MIT Press, Cambridge, p. 323.

26 Elizabeth Barlow Rogers, *Landscape Design: A Cultural and Architectural History,* Harry N. Abrams, New York, p.250.

27 “中国风”并不意味着当时欧洲人对中国园林的深入了解，它们在很大程度上出于想象。柯勒律治著名的诗篇描写的就是他梦中的上都，是“野蛮人的宫殿”。

28 Rogers, *Landscape Design,* p.211.

29 钱伯斯就认为中国结构是某种“建筑玩偶”，是五颜六色的稀奇玩意儿，其中充斥着肤浅的猎奇和感官满足，它们和巴洛克戏剧的布景一样，带来的是恐惧、奇趣和惊喜。

30 20世纪70年代“大地艺术”的领军人物罗伯特·史密森认为，引入了时间因素的“如画”经验并不是一种慵怠的旧美学；相反，它是“物理区域之中持久的一种（文明）进程”，是主体与客体之间互相发现的过程。詹姆斯·科纳讨论了德语之中“景观”这个词语的起源。

31（英）立德夫人：《我的北京花园》（*Round About My Peking Garden*），外语教学与研究出版社2008年版，第33页。

32（英）雪莱：《雪莱抒情诗66首》，山东文艺出版社1992年版，第35页。

33 本来燕园的“园”引自燕京大学的名字。“Yenching”读作“燕京”，包括两个汉字“燕”和“京”。因此“燕园”字面解释为“燕京大学的花园”。

34 “校园”在英文中称为“campus”。在燕京大学以前，很少有大学校园以系统的西式设计来满足现代高等教育的需求。

35 燕京大学学者洪业综合历史文献、图像资料和出土文物考据了勺园的地域范围。然而当代学者对洪业（包括侯仁之）的推断提出了新的意见，主要集中于勺园园址不应是南北狭长形，因为根据文献记载，勺园在东西方向上布置了相当多的景物，不应该与南北方向相差太大。见贾珺：《明代北京勺园续考》，载《中国园林》，2009年第5期，第76—79页。更多资料，可参考陈明坤：《吴彬〈勺园祓禊图〉考》，中国美术学院博士学位论文，2017年，第43—75页。勺园的园址不甚确定，本身即是“废园”的内涵之一。

36 侯仁之：《燕园史话·序言》，北京大学出版社1988年版。正如侯仁之所观察到的那样，燕园本不是指全部的大学（燕京大学或者后来的北京大学），它仅指未名湖周边地区，或许因此才比校园其他地区更易于与传统中国园林的概念相匹配。

37 燕京大学在确定建筑涂装的色系时，最初拟采用红色或绿色的柱子、绿色窗框、黄色墙壁，屋檐下饰以明色彩画，1915年从德国学习现代建筑归来的贝寿同并未质疑校园风景的美式设计，他只是表示如果使用浅灰色的墙看上去会更和谐，这也和传统苏州园林给人的素雅印象相符。事实上，苏州园林中也存在大红大绿的苏式彩画，在个别情况下——比如太平天国时期，拙政园中的彩画创作达到了一个高峰。详见燕京大学校长司徒雷登和纽约托事部之间的通信：Stuart to Moss, 1923年6月26日，耶鲁大学神学院燕京大学档案，Box 354, File 5449。

38 关于本事始末，不同当事人有不同的记述。如丁斌：《“明轩”及其建造轶闻》，载《文汇报》，2019年11月15日，第W16版。

39 今天的网师园夜游项目即为实例之一。“……今年已经第30年了……

‘游园今梦’之网师园夜游演艺将两大世界文化遗产——苏州园林与昆曲做了完美融合，为游客带来一种全新的，沉浸式，体验型，实景化的精品文化之旅……小巧的网师园，正适宜夜游……置身花影婆娑的静谧园林中，柔美的灯光勾勒出亭台的精致，悠扬的笛声，婀娜的舞姿，一唱三叹的昆曲腔，让游客醉心其中……夜晚的网师园收获到的是白天难有的清静，在这样安静的氛围里，更能追溯古人的情怀，体味园林的韵致。”具体可参见：http://www.szwsy.com/ShowNewsNightGarden.aspx?newsid=54。

第四章　园林：建筑还是风景？

1 范雪：《苏州博物馆新馆》，载《建筑学报》，2007年第2期，第36—43页。

2 民谚：浑水养鱼，泥池种荷花。

3 我在苏州博物馆参与策划的两个展览分别是2009年的曾梵志“与谁同坐”，以及2015年徐累的“赋格”。

4（美）迈克尔·坎内尔著，倪卫红译：《贝聿铭传》，中国文学出版社1997年版，第305—306页。

5 典型的苏州园林，比如号称苏州四大名园（说法之一）的狮子林、沧浪亭、拙政园、留园，不包括住宅部分，占地面积都在1公顷（1万平方米）左右。这些园林的规模不仅决定它们的名气，客观来说，还影响到它们在现代的“存活”。因为园林规模越大，自然就能够容纳更多的游客，相应也会为其带来更好的生存条件。即使如此，它们也不可能成为真正意义上的现代公园，这和传统园林的规模无关，而是取决于园林设定的空间模式。因此游览园林成为两种不同时代经验的拼贴，新式学校组织前往向公众开放的拙政园游览是一种公共行为，但是园林内只有容纳个别游赏者通行的路径：“当其未入园也，整队而行，已入园，即散队任意游玩，各适所适……”“入园，既散队至各处游览……”“未至之前，列队而往，既至之后，各散队游览”，参考钱长本、庞文英、钱长朴等：

《拙政园旅行记》，载《竹荫女学杂志》，1913年第1期。

6 彭培根：《从贝聿铭的北京“香山饭店”设计谈现代中国建筑之路》，载《建筑学报》，1980年第4期，第16页。

7 顾孟潮：《北京香山饭店建筑设计座谈会》，载《建筑学报》，1983年第3期，第58页。这是顾孟潮整理的北京市建筑设计院建筑师沈继仁的观点。

8 彭培根：《从贝聿铭的北京“香山饭店”设计谈现代中国建筑之路》，载《建筑学报》，1980年第4期，第17页。

9 金磊主编：《建筑评论》（第二辑），天津大学出版社2013年版，第50页。

10 叶圣陶：《苏州园林》，载《语文》（八年级上册），人民教育出版社2017年版，第102—103页。

11 同上，第103页。

12 王劲韬：《中国皇家园林叠山理论与技法》，中国建筑工业出版社2011年版，第38—42页。

13 大部分学者都认为园林中的假山也须效法自然，“不过叠石造山，无论石多或土多，都必须与山的自然形象相接近，这是它的基本原则”（刘敦桢：《苏州古典园林》，中国建筑工业出版社1979年版，第20页）。但是，这种效法不等同于具象的联想，即使真的山中也生活着许多动物。潘谷西认为扬州片石山房的“九狮图山”虽“……颇有雄奇峭拔之势。但因追求叠石之奇诡……终不免流于俗套而缺少真山的自然情趣”（潘谷西编著：《江南理景艺术》，东南大学出版社2001年版，第159页）。

14 狮子林的“狮子”一词有多重含义，但大都和佛教的譬喻有关：佛教把有大德的僧人尊为狮子，菩萨说法叫狮子吼，佛像的底座称狮子座。对游览狮子林的普通游客而言，最容易注意到的便是园林中形似狮子的“九狮峰”。这种比拟为动物的赏石是中国园林的固有传统之一，但一旦涉及“象形”问题，就出现了品格高下的争议。顾凯认为，“九狮山”等是一种关注动势的叠山传统，重点在于从园林赏石的动物譬喻，以及它们的动势中获得一种“生命感”。晚明时出现的画意叠山参照了中国画论中师法自然的态度，而另一部分像狮子山这样的“象形”，则偏重于“手法主义”（本文作者的比喻），始于形式又终于形式。（顾凯：《“九狮山”与中国园林史上的动势叠山传统》，载《中国园林》，2016年第12期，第122—128页。）对当代人而言，这两种手法的差别其实并不大，因为中国画论中所说的师法自然，也多是经过抽象的“自然”，其中可能蕴含着类似的动势联想；而狮子林里的“狮子”，绝不会和自然界的狮子混为一谈，它同样也是一种“画意叠山”。

15《贝聿铭先生谈中国银行总部大厦设计》，载陈伯超、刘思铎主编：《中国建筑口述史文库·第一辑·抢救记忆中的历史》，同济大学出版社2018年版，第89页。这是贝聿铭针对建筑所在的长安街上的“民族风格”建筑，也就是20世纪八九十年代陆续建成的在现代建筑上戴个传统风格建筑屋顶“小帽子”的做法提出的主张。

16 同上，第90页。

17 支文军、徐洁主编：《中国当代建筑 2004—2008》，辽宁科学技术出版社2008年版，第188—189页。

18 陈薇：《当代中国建筑史家十书：陈薇建筑史论选集》，辽宁美术出版社2015年版，第443页。

19 叶圣陶：《苏州园林》，载《语文》（八年级上册），人民教育出版社2017年版，第104页。

20 自从20世纪二三十年代第一批留学西方的中国建筑师归国从业，茂飞等西方建筑师也转向了“中体西用”的实践，而不只是在中国建造西式的“殖民地”建筑。几个试图融合西方建筑风格和中国营造传统的重点项目，揭开了长达近一个世纪的有关“民族形式”的争议。除了民国，20世纪50年代和1980年前后，在建筑界以及国家意识形态层面，也围绕“民族形式”进行过大规模讨论，并且对于整个中国的城市建设产生了显著的影响。这是“中国园林”等关键词成为理论热点的重大前提。参考诸葛净：《断裂或延续：历史、设计、理论——1980年前后〈建筑学报〉中‘民族形式’讨论的回顾与反思》，载《建筑学报》2014年Z1期，第53—57页。

21《混凝土和保留东方古典美、增加西方力量的创意》(*Concrete and ideas retain the old beauty of Orient and add strength of West*)，载《远东评论》，1926年5月，第238—240页；又见郭伟杰：《亨利·K.墨菲：一个在中国的美国建筑师》，康奈尔大学博士论文，1989年。

22 彭培根：《从贝聿铭的北京“香山饭店”设计谈现代中国建筑之路》，载《建筑学报》，1980年第4期，第18页。

23 叶圣陶：《苏州园林》，载《语文》(八年级上册)，人民教育出版社2017年版，第104页。

24 彭一刚：《中国古典园林分析》，中国建筑工业出版社1986年版，第35页。

25 荷兰建筑师阿尔多·范·艾克和日本建筑师黑川纪章都强调了在室内—室外、建筑—景观、庄重—放松这种简单划分之间的第三状态。20世纪80年代以来，这种观点受到了中国建筑界的普遍关注。

26 彭一刚：《中国古典园林分析》，中国建筑工业出版社1986年版，第38页。

27 同上，第70页。

28 彭一刚在《中国古典园林分析》的前言中也提到了这种“空间构图”(他称之为“构图原理”或者“空间理论”)。

29 刘敦桢使用的“空间组合”概念开启了对园林布局进行空间分析的滥觞。1962—1964年，对园林的空间分析趋于系统化，特别是从对布局的深化讨论到对游客视线和游览路线的结构性分析——按照鲁安东的意见，这就是所谓的“空间构图”。而另一种观点认为，动态的视觉经验是贯穿园林、住宅区与城市建筑群的空间原理。(齐康、黄伟康：《建筑群的观赏》，载《建筑学报》1963年第6期，第19—23页。)

30 明正德四年(1509年)，王献臣始建拙政园。清咸丰十年(1860年)，李秀成在拙政园、汪宅、潘宅等故址建忠王府。光绪三年（1877年），张履谦购得汪宅，于光绪五年入住并将其改建为补园。新中国成立后，张氏后人将补园及其老宅捐献给国家，拙政园花园部分及补园经整修，改名拙政园。1960年，拙政园、补园、归田园居三者合并，即为今日的拙政园。1960年，苏州市政府于忠王府故址建苏州博物馆，而紧邻忠王府的张宅与忠王府有了同样的新功能。陈薇认为，从清光绪二十七年拙政园及八旗奉直会馆全图及有关资料可知，拙政园和忠王府的属地与新馆馆址没有关系。参见陈薇：《当代中国建筑史家十书：陈薇建筑史论选集》，辽宁美术出版社2015年版，第13页。

31 鲁安东：《隐匿的转变：对20世纪留园变迁的空间分析》，载《建筑学报》，2016年第1期，第17—23页。

32 刘敦桢：《苏州古典园林》，中国建筑工业出版社1979年版，第21页。

33 叶圣陶：《苏州园林》，载《语文》（八年级上册），人民教育出版社2017年版，第103页。

34 学者们倾向于认为，迟至南北朝时盆景已经成为一种独立的艺术形式。山东青州一座北齐武平四年（573年）的古墓曾出土一批刻有画像的石葬具，其中的“贸易商谈图”中就有主人赠送罗马商人“盆景”的画面，这时期的“盆景”已经很接近今日通行的山石盆景式样，树石盆景的出现还要晚至唐宋时期。但盆景究竟体现了一种“天趣”，还是如后世龚自珍所批评的，是“斫其正……删其密，夭其稚枝；锄其直，遏其生气”后矫揉造作的产物，人们尚有不同意见。参考朱良志：《天趣：中国盆景艺术的审美理想》，载《学海》，2009年第4期，第18—25页。

35（明）张岱：《陶庵梦忆》，上海古籍出版社1982年版，第78页。

36 同上。

37 引自周苏宁：《敢为人先，开中国园林出口之先河——记明轩主要设计者张慰人》，载《园林》，2018年第9期，第62页。1979年10月，总计193箱明轩工程构件从上海启程运往美国。年底，明轩工程先遣组一行5人前往纽约。1980年元旦刚过，其余施工人员全部到达，博物馆为此专门在工地上举行了隆重的开工仪式。小半年之内，明轩工程全部完工。

38 刘敦桢：《苏州古典园林》，中国建筑工业出版社1979年版，第8页。

39 吴良镛：《建筑·城市·人居环境》，河北教育出版社2003年版，第125页。

40 全国自然科学名词审定委员会公布的《建筑·园林·城市规划名词（1996）》前言中提到："'园林学'一词，有的专家认为应以'景观学'代替，但考虑到我国多年来习用的'园林学'的概念已不断扩大，故仍采用'园林学'，与英文的landscape archi tecture 相当。"引自王绍增：《必也正名乎——再论LA的中译名问题》，载《中国园林》，1999年第6期，第50页。王绍增认为，传统"园林"一词的内涵有着天生的缺陷，但是architecture 与 landscape 连用时也不宜解释为"建筑"，他倾向于使用"景观营造"，因为"景观"比"风景"的范畴更大，而且"与人的活动关系也更密切一些，为学科的发展留下了较大的余地"。

41 谢振宇、赵秀恒、袁烽：《景观与建筑的融合：景观建筑学的发展与实践》，载《时代建筑》，2002年第1期，第18—21页。

42"城乡一体化"在英文中并无严格对应的概念，很可能是一种中国特色。参见陈光庭：《城乡一体化——中国特色的城镇化道路》，载《当代北京研究》，2008年第1期。

43 按照笛卡尔关于空间的定义，任何实在的空间都可以用一个三维的函数（坐标）来描述，因此客观世界可以是均匀的，城和乡可以使用同一套统计指标，它们面貌上的差别也只是宏观形态的区分。然而，这一逻辑显然难以用来解释园林空间的生成——比如，一块太湖石的构造过程。

44《皮特·沃克：体验空间诡异》，载《北京晚报》，2013年6月27日。

45 同上。

46 素有“美国现代景观设计之父”称号的弗雷德里克·劳·奥姆斯特德早年曾到中国旅行，但他的生平著作中从未提及中国园林。在其他领域也存在类似现象，诸如亚瑟·威利那样声称对于“中国”有兴趣的汉学家也拒绝探访这个国家如今的真相。

47 刘宇鑫：《T3航站楼内领略“园林小品”》，载《北京日报》，2007年12月1日。

48 在中文表述中，“景观”也对应着其他抽象概念，比如“奇观”。

49 “景观都市主义”（Landscape Urbanism）声称景观比建筑更利于应对当代都市的出现，它主张以造景“过程”取代建筑“程序”，以“地形”“表面”取代“造型”“结构”，在文化取向上，他们极力主张都会和自然的二分法已经不适用于“第三自然”——错综芜杂的新现实，景观建筑师的工作领域由此可以得到极大的扩展。这一理论所许诺的要点在于某种感性的文化愿景，它为人所诟病的，也是对“文化”的关心更甚于“自然”，最终成了一种停留于纸面并让环境工程师同仁们偶感困惑的主张。对景观都市主义理论的介绍和批评，详见查尔斯·瓦尔德海姆编辑的《景观都市主义读本》（*The Landscape Urbanism Reader*）及其书评。

50 雅可布·施瓦茨·沃克、蒋侃迅：《有限/无限》，载《世界园林》，2013年第2期，第58页。

51 刘敦桢：《苏州古典园林》，中国建筑工业出版社1979年版，第34—40页。

52 王澍：《造房子》，湖南美术出版社2016年版，第141页。

53 张永和：《作文本》，生活·读书·新知三联书店2012年版，第106—107页。

54 张永和：《作文本》，生活·读书·新知三联书店2012年版，第108页。类似于这种“被消解了的空间”，张永和还在书中介绍了美国艺术家詹姆斯·特瑞尔的作品，与特瑞尔作品意向相近的还有意大利艺术家劳雷塔·文西亚雷利的作品，他们的作品都是在西方艺术传统规范的视觉基础上进行的消解，和中国艺术中所“坠入”的空间在社会情境上是有所区别的。具体而言，两位艺术家“消解”的前提都是事先确认一个由笛卡尔空间系强烈暗示的视（幻）觉成像，然后走向它的反面，这一步在中国园林的传统中却是不存在的。

55 张永和在《作文本》一书中也写道：“建筑师所要超越的不是绘画而是绘画定义的建筑。”同上，第110页。

56 同上。

57 因为只有“中国园林才是对自然的观照”，所以很容易得出只有中国园林等于园林这种结论。

58 王澍：《我们需要一种重新进入自然的哲学》，载《世界建筑》，2012年第5期，第20页。

59 同上。

60 同上。

61 同上，第21页。

62 童寯：《东南园墅》，湖南美术出版社2018年版，第14页。

63 王澍：《我们需要一种重新进入自然的哲学》，载《世界建筑》，2012年第5期，第21页。

64 同上。

65（法）克里斯托弗·吉鲁特：《思考景观——建构、解构、重构》，载《景观设计学》，中国林业出版社2011年版，第30页。

66（日）三谷徹：《初源之庭》，载《世界园林》，第69—70页。在北京园博会上，日本设计师三谷徹在说明他的创作灵感时，提到了天南海北的多样性范例：英国的怪圈遗址，古希腊祈祷地点，英国的冰川，法国的巴洛克平台（以上场地的处理），东方传统园林（侧重日本茶室的空间位置），苏州园林（铺地），京都桂离宫（踏步石），意大利冈贝里亚庄园的绿篱（马赛克铺装），奥比昂公墓（水平流动空间），巴洛克园林（倒影池的天空）和布罗德保护区（天空之美）……不一而足。

67 王澍：《造房子》，湖南美术出版社2016年版，第86页。

68 同上，第139—141页。

第五章　现实的和想象的

1 巫鸿：《约·会：紫竹院公园中的相

遇》，载《来此与中国约会》，第12届威尼斯建筑双年展中国馆，2010年，第16—29页。

2 张冀媛、高晶光编著：《园林规划设计与施工》，吉林科学技术出版社1989年版，第153页。

3 柯律格在《丰饶之域》（*Fruitful Sites*）一书中重点谈到了园林在晚明文人生活中扮演的现实角色。

4 据任文京考证，高氏三宴的时间当在调露二年（680年）岁初，而地点位于高正臣（官至卫尉少卿，从四品上）的园林中。见任文京：《〈高氏三宴诗集〉及其价值》，载《古典文学知识》，2019年第1期。高正臣以《晦日置酒林亭》为题，交代了此事的缘起："正月符嘉节，三春玩物华。忘怀寄尊酒，陶性狎山家。柳翠含烟叶，梅芳带雪花。光阴不相借，迟迟落景斜。"在《全唐诗·卷七十二》中，同题应和者多达二十余篇，同押"华"韵。

5 在布拉格城堡和都灵的波河边，我们都可以看到另外一种意义的"山子"。

6 将巨大的室外风景"室内化"，例如"澄江净似练"，或者"小山重叠金明灭"，原本是中国文学修辞的一项传统，现在成了借鉴园林艺术的相关实景舞台手法能够成立的心理基础。

7 亭不一定是一座孤立的建筑物。汤显祖的《牡丹亭还魂记》简称《牡丹亭》，该剧写作时本打算交给本地的一个宜黄腔戏班出演，有迹象显示，汤显祖会具体指导演出的有关细节，包括演员的身段和舞台布置等等，因此戏剧空间与这出戏的剧情设定不无关系。汤显祖兴建的沙井新居"玉茗堂"始建于明万历二十年（1592年），竣工于万历二十九年，剧作家在此生活了近十八年，他最著名的戏曲作品"玉茗堂四梦"除《紫钗记》外都在这里创作完稿，部分戏曲在此试演。今天位于江西省抚州市的玉茗堂遗址，已经找不到任何建筑存在过的踪迹，但是据《抚州府志》《临川县志》等文献记载，"玉茗堂"也是因宋代的"玉茗亭"而得名，可见"亭"在当时已经是人们对一种寓游乐住居于一体的空间样式很普遍的叫法。参考薛翘：《汤显祖故居——玉茗堂遗址及其坟墓》，载《文物工作资料》，1964年第1期，第4页。

8 20世纪上半叶著名的德国戏剧家贝托尔特·布莱希特提出了一种打破传统表演理论——其代表是斯坦尼斯拉夫斯基——的戏剧观念。这种理论要求表演者不能过于“带入”角色，而要保持一种批评的姿态，这样剧场就被剖成了不同的两半：演员们应该假想自己处在一个玻璃匣子中，他们和观众可以彼此看见，但是保持着心理上的“距离”。

9 在著名汉学家宇文所安看来，隋炀帝在7世纪初建造的供其恣意享乐的宫殿，也就是“迷楼”，主要的功能就是“让人迷失”，无论是谁，只要进入迷楼，就会迷而忘返。（美）宇文所安著，程章灿译：《迷楼：诗与欲望的迷宫》，生活·读书·新知三联书店2014年版。

10 王毅：《园林与中国文化》，上海人民出版社1990年版，第713页。

11 唐代之前的山水绘画，“山水”和“绘画”之间有着十分复杂的关系，除了简单的“看风景”，还有其他现实的在画面之中无法体现的考量，包括绘画从属的建筑语境以及社会整体的物质文化状况。唐代屏风的实物，可以参考1693年被重新发现、目前藏于日本正仓院的《鸟毛立女屏风》。在中国，仕女立于“树下”的题材，也即“树下美人”的范式，未必是实景的再现，但是这件羽毛贴敷的屏风也是一件扎实的艺术作品，上面还留有切割的痕迹。

12 高居翰、黄晓、刘珊珊编著：《不朽的林泉》，生活·读书·新知三联书店2012年版，第18页。

13 崔朝阳、黄晓：《晚明时期的园林绘画之变——以张宏〈止园图〉为中心》，载《美术 雕塑艺术》，2018年第1期，第65页。

14 同上。

15 当代中国基本上已经看不到这种立意古远的造境，现实中的净土园林或许只能到域外去寻找。日本宇治的平等院凤凰堂，就有类似于敦煌壁画中呈现的一字形建筑布局，堂前的水池倒映着建筑，像是极乐世界一座巨大的舞台。

16 有关“西方净土变”这一绘画样式的由来，参见金维诺：《西方净土变的形成与发展》，载《佛教文化》，1990年第2期，第30—34页。郑岩讨论了与敦煌盛唐《观无量寿经变》“日想观”绘画相似的韩休墓山水图。他指出，有论者认为韩休墓山水图表现的是一处私家园林，唐时亦不乏以园林入画者。然而，问题不在于此处的园林是否真的有实物“原型”，而是下面的观点：“园林与山水画一样，均是一种艺术形式，表现了人们心目中理想化的自然。”在这个意义上大者如园林，小者如“须弥藏芥子”的盆景，都是人工经营的把物质转化为意义的“图像”。郑岩：《唐韩休墓壁画山水图刍议》，载《故宫博物院院刊》，2015年第5期，第87—109页，第159页。

17《人间喜剧》是法国19世纪伟大的现实主义作家巴尔扎克90多部作品的合集名称。巴尔扎克把他毕生的小说合集以此名出版，以个别主题的集合创造出整体的，不能分离开去个别理解的意义结构。

18“移画印花法”，又名印花釉法、移印法等，英文为“decalcomania”，原是把纸上画好的图案转置于陶瓷或是其他介质上，进而形成斑驳脱落效果的一种装饰技术，二十世纪的一些超现实主义画家——比如奥斯卡·多明格斯，将这种技法引入了绘画中。

19 木心：《哥伦比亚的倒影》，广西师范大学出版社2009年版，第6页。

20 唐子韬：《刘丹：传统的优雅与生机》，艺术家专访，载《上海证券报》，2012年7月1日。

21 同上。

22 同上。

23 同上。

24 柏拉图的“洞穴”中面壁的囚徒只能看到火堆或者外光投射在墙壁上的影子，在没有其他参照物的前提下，他们自觉不自觉地给这些变幻的光影赋予了形式和意义，把它们等同于现实。在这群囚徒中，哲学家是那个有幸逃出洞穴的人，柏拉图认为感知是不可靠的，真正的知识只存在于洞穴之外。建筑系的学生很容易理解这种哲学模型，建筑并不具有明确的起点和终点，建筑并没有明确的创作者和使用者的差别，在使用AutoCAD工程制图软件的时候，有一组概念被称为模型空间和图纸空间，后者是可见但有限的，并且可以从前者中源源不断地生长出来。

25 “原型”的观念显然可以再度扩大——至少在艺术领域之外是如此。哲学家维特根斯坦曾经表示过对这种通行的“原型”方法的疑问——各种成组的“类别”就一定拥有某种相似的特征吗？倒过来说，相似的东西未见得是同一类“原型”：例如，羽毛球和鸟都具有“羽毛”“会飞”的特征，但它们显然不是同类，庸俗化的“类型”摧毁了“原型”应有的意义。

26《素园石谱》是我国第一部图文并茂的画石谱录，明代林有麟编著，该书载录了宋代以来各种典籍中的百余种名石。书中所录的名石大多“小巧足供娱玩”，有名者如苏轼的雪浪石、米芾的研山等。作者自叙“检阅古今图籍”，凡“奇峰怪石有会于心者，辄写其形，题咏缀后”。《石谱》借鉴了中国古代绘画传统中常见的“画谱”样式，这说明它已经同时具有类型学的物质和意义两个层面，其中后者主要是形式方面，但也包括了一些特别的人物，比如苏轼、米芾，以及与这些名石对应的社会情境赋予它们的具体文化意义。自20世纪90年代以来，当代艺术家展望创作了一系列不锈钢假山石雕塑，他的《新素园石谱》一书讲述了其创作背后的故事。

27 20世纪80年代，中国艺术界围绕画家吴冠中的一篇文章，展开了“抽象美”实质是什么的大讨论。参见吴冠中：《关于抽象美》，载《美术》，1980年第10期，第37—39页。及徐书城：《也谈抽象美》，载《美术》，1983年第1期，第10—14页。

第六章　当代中国的中国园林

1 大约在2005年，尚在美国撰写博士论文的笔者提出了这个名为“活的中国园林”的展览设想，当时最早的策展方案只限于数个艺术家有限的作品，展出的条件也是基于纽约一所博物馆相对狭小的空间；2006年夏，我在北京遇到了中国美术馆馆长范迪安，应他的要求，笔者开始构想另外一种规模和方式的展览。2007年秋，笔者再次来到北京，适逢德累斯顿国家艺术收藏馆馆长马丁·罗特先生访问中国美术馆，这时整个展览的前景方初见端倪，初步的设计是德方送两个展览来北京，而中国美术馆以“水墨新境”和“活的中国园林”两个展览作为回应，展览场地在柏林和德累斯顿的十数个场馆中选择。

2 法国大革命时期，数位君主为了表达对法国国王路易十六的支持，在此联合发表了《皮尔尼茨宣言》，使得此地从此闻名于欧洲。

3 作者另有《活的中国园林》一文，载《风景园林》，2009年第6期，第18—75页。该文全面回溯了展览的来龙去脉，试图从一个多棱镜中去考察中国园林的历史，并收录了中国园林史研究的相应资料，包括所谓的“八解中国园林”：“作为地理概念的中国园林”“作为历史叙事的中国园林”“作为图绘表现的中国园林”“作为设计手法的中国园林”“作为社会生活的中国园林”“作为工艺传统的中国园林”“作为个人历史的中国园林”“作为意识形态的中国园林”。

4 朱青生先生多年前有一件装置作品，可以拿来作为“自明”的参照。那盏灯有一个真的“落了地”的灯罩，严严实实地把自己盖在了地板上，只照自己，不娱乐他人（虽然多少还是从下面漏出一圈光晕），好像也没有什么来源（虽然还是从外面扯了一根电线）。

5 在该书中，作者谈到了几种不同层面的“幻觉”：如果用园林生活题材的屏风画做例子，一种是视觉心理意义上的，园林可以成为屏风画的内容，解读画的意义时就存在一种视觉呈现层面的幻视。第二种是考虑到屏风本身是园林生活中的常用物件，观者可能会借由这个载体，由实体空间进入图画空间，两种空间之间的承接关系，就如同文艺复兴时期的壁画有时会成为建筑空间透视深度的一部分。第三种更大的幻视情境，是需要跳出这一切来，在事外看待特定历史时期的视觉风尚和社会生活的关系，以及媒体和图像的关系，这样一来，参与这个游戏的所有人，包括屏风的使用者，都会成为一架更大的屏风，是这个“装置”的一部分。在爱好“重屏”主题的明清画家眼中，他们的生活本身就是一种可以无限复制的重屏，什么是观者所处的现实，什么才是幻境，也就是李格尔首创、贡布里希常使用的“观看者的本分”，实在取决于他们处于这种空间—视觉秩序的哪一个层级上，和一个人在这种社会文化中主要扮演的角色有关。如此产生了多层嵌套和回环往复的乐趣，也对应着趣生幻灭的真实生活感受。参见巫鸿:《重屏：中国绘画中的媒材与再现》，上海人民出版社2017年版，第241—248页。2019年，既是苏州园林又是新的博物馆，既有拙政园为邻，又有贝聿铭新派“叠山”的苏州博物馆，举办了巫鸿策划的题为“重屏”的艺术展览，在其中既有古代艺术中的重屏画，也有当代艺术家以此观念为题的创作。

结语：心安何处

1 童寯:《江南园林志·前言》，中国工业出版社1963年版，第4页。

2 彭一刚:《〈中国古典园林分析〉再版缀语》，载《彭一刚文集》，华中科技大学出版社2010年版，第269—270页。

3 如果从远处看王澍的象山校园一期，会首先看到起伏的“山脊”，应和着建筑师所说的“大的气象”和建筑造型宏阔的转折——“有人说从象山校区建筑的屋檐上看到了沈周的长线条，从校园里大尺度的连续控制中能看到夏圭的痕迹……当然，和巨然的层峦叠嶂相比，我还差很多……”象山十年之后，王澍检阅了自己努力的成果。他说：在象山第一期和第二期之间两个最大的变化之一是“差异性”，它和时间性是有关的。他的新作是“很长一段时间之内，有很多种愿望、很多种事情最后促成的这样一种结合体”，“差异性”的时间旅行最终从外部的“气象”抵达了“内部”或“迷城之中”，那是可以“说点悄悄话”的地方，也是一个“有意思的城市”深处偶发的场景。参见方振宁：《问道：方振宁和王澍的对话》，载《艺术评论》，2012年第4期，第5—13页。

4 1904年，美国作家亨利·詹姆斯在叙说曼哈顿的兴起时也提到了这种有趣的并置，“繁复的摩天楼……就像阿尔卑斯的绝壁，那上面时时抛下雪崩，抛向匍匐于脚底的村落和村落的制高点”。人类历史上空前的大都市在此被比附成一种精心策划的“自然”，无情商业算计的结果却归结于某种诗意，上演了文化和实用的二重奏。出生于曼哈顿的作家已看到了旧文明和新生活嫁接在同一棵通天树上的奇景。怀着一种既喜且惧的心情，他把资本主义文明的钢铁丛林幻想成瑞士的山谷。纽约曼哈顿往上生长的丛林也是它寄身的冰河纪片岩的延伸。Henry James, *Collected Travel Writings: Great Britain and America*, *Library of America*, 1993, pp.424-25。

5 刘宇鑫:《T3航站楼内领略“园林小品”》，载《北京日报》，2007年12月1日。

译名对照表

阿尔多·范·艾克 Aldo Van Eyck
奥斯卡·多明格斯 Oscar Domínguez
彼得·沃克 Peter Walker
贝托尔特·布莱希特 Bertolt Brecht
贝克夫妇 Walter and Marion Becker
帛黎 A.Théophile Piry
查尔斯·瓦尔德海姆 Charles Waldheim
丹尼尔·迈腾斯 Daniel Mytens
戴安娜·巴尔莫里 Diana Balmori
恩斯特·奥尔默 Ernst Ohlmer
恩斯特·柏石曼 Ernst Boerschmann
弗兰克·劳埃德·赖特 Frank Lloyd Wright
弗雷德里克·劳·奥姆斯特德 Frederick Law Olmsted
高居翰 James Cahill
格哈德·里希特 Gerhard Richter
戈特弗里德·森佩尔 Gottfried Semper
贡布里希 Ernst H. Gombrich
亨利·詹姆斯 Henry James
亨利·K.墨菲 Henry K. Murphy
霍勒斯·沃波尔 Horace Walpole
胡素馨 Sarah Fraser
华莱士·史蒂文斯 Wallace Stevens
蒋友仁 P.Benoist Michel
柯律格 Craig Clunas
科迪 Cody
克里斯托夫妇 Christo and Jeanne-Claude
克里斯托弗·吉鲁特 Christophe Girot
库尔特·冯内古特 Kurt Vonnegut
拉迪亚德·吉普林 Rudyard Kipling
劳雷塔·文西亚雷利 Lauretta Vinciarelli
劳伦斯·史克门 Laurence Sickman
郎世宁 Giuseppe Castiglione
莱斯特·柯林斯 Lester Collins
李格尔 Alois Riegl
立德夫人 Mrs. Archibald Little
勒·柯布西耶 Le Corbusier
罗宾·埃文斯 Robin Evans
罗伯特·史密森 Robert Smithson
迈克尔·坎内尔 Michael Cannell
马丁·罗特 Martin Roth
闵福德 John Minford

米歇尔·福柯 Michel Foucault
诺曼·福斯特 Norman Foster
皮埃尔·德梅隆 Pierre de Meuron
若望·柏郎嘉宾 Giovanni da Pian del Carpine
萨缪尔·泰勒·柯勒律治 Samuel Taylor Coleridge
施坚雅 G. William Skinner
斯坦尼斯拉夫斯基 Konstantin Sergeievich Stanislavski
托马斯·查尔德 Thomas Child
威廉·钱伯斯 William Chambers
雅各布·邦法迪奥 Jacopo Bonfadio
雅克·赫尔佐格 Jacques Herzog
亚瑟·威利 Aurthr Waley
叶芝 William Butler Yeats
英诺森四世 Innocent IV
伊娃·卡斯特罗 Eva Castro
伊丽莎白·巴洛·罗杰斯 Elizabeth Barlow Rogers
约翰·波特曼 John Portman
约翰·狄克逊·亨特 John Dixon Hunt
约翰·济慈 John Keats
宇文所安 Stephen Owen
詹姆斯·特瑞尔 James Turrell
詹姆斯·科纳 James Corner

里程碑文库
The Landmark Library

“里程碑文库”是由英国知名独立出版社宙斯之首（Head of Zeus）于2014年发起的大型出版项目，邀请全球人文社科领域的顶尖学者创作，撷取人类文明长河中的一项项不朽成就，以“大家小书”的形式，深挖其背后的社会、人文、历史背景，并串联起影响、造就其里程碑地位的人物与事件。

2018年，中国新生代出版品牌“未读”（UnRead）成为该项目的“东方合伙人”。除独家全系引进外，“未读”还与亚洲知名出版机构、中国国内原创作者合作，策划出版了一系列东方文明主题的图书加入文库，并同时向海外推广，使“里程碑文库”更具全球视野，成为一个真正意义上的开放互动性出版项目。

在打造这套文库的过程中，我们刻意打破了时空的限制，把古今中外不同领域、不同方向、不同主题的图书放到了一起。在兼顾知识性与趣味性的同时，也为喜欢此类图书的读者提供了一份“按图索骥”的指南。

作为读者，你可以把每一本书看作一个人类文明之旅的坐标点，每一个目的地，都有一位博学多才的讲述者在等你一起畅谈。

如果你愿意，也可以将它们视为被打乱的拼图。随着每一辑新书的推出，你将获得越来越多的拼图块，最终根据自身的阅读喜好，拼合出一幅完全属于自己的知识版图。

我们也很希望获得来自你的兴趣主题的建议，说不定它们正在或将在我们的出版计划之中。

里程碑文库编委会